U0182180

花开四季：花园里的科学

（原书第四版）

[美] 布赖恩·卡彭 著
崔凤娟 谢琳 译

中国科学技术出版社
·北 京·

图书在版编目（CIP）数据

花开四季：花园里的科学 /（美）布赖恩·卡彭著
崔凤娟，谢琳译 . — 北京：中国科学技术出版社，
2024.6
书名原文：BOTANY FOR GARDENERS An Introduction
to the Science of Plants
ISBN 978-7-5236-0745-9

Ⅰ . ①花… Ⅱ . ①布… ②崔… ③谢… Ⅲ . ①植物学
—普及读物 Ⅳ . ① Q94-49

中国国家版本馆 CIP 数据核字（2024）第 095339 号

版权合同登记号 01-2024-1932
This edition published by arrangement with Timber Press，an imprint of Workman
Publishing Co.，Inc. a subsidiary of Hachette Book Group，Inc.，New York，USA.
All rights reserved.

策划编辑	徐世新	责任编辑	向仁军	马稷坤
封面设计	麦莫瑞文化	正文版式	麦莫瑞文化	
责任校对	吕传新	责任印制	李晓霖	

出　　版	中国科学技术出版社
发　　行	中国科学技术出版社有限公司
地　　址	北京市海淀区中关村南大街 16 号
邮　　编	100081
发行电话	010-62173865
传　　真	010-62173081
网　　址	http://www.cspbooks.com.cn

开　　本	710mm×1000mm　1/16
字　　数	264 千字
印　　张	15.75
版　　次	2024 年 6 月第 1 版
印　　次	2024 年 6 月第 1 次印刷
印　　刷	北京博海升彩色印刷有限公司
书　　号	ISBN 978-7-5236-0745-9/Q·274
定　　价	98.00 元

花开四季：花园里的科学

原书第四版　　布赖恩·卡彭

赞誉与好评

这是一部神奇的短篇著作，适合任何想了解植物神奇变化的人阅读。

——《新闻日报》（ Newsday ）

《花开四季：花园里的科学》中的语言风格、大量彩图以及全面的术语表是阅读的乐趣所在。

——《园艺妙招》（ Hort Ideas ）

每个工作室、盆栽棚和餐厅里都应该有这样一本书。

——《美国植物园与树木园协会通讯》
（ American Association of Botanical Gardens and Arboreta Newsletter ）

如果你想知道植物为什么会有这样的反应，这本书就是为你准备的。

——《美国草药协会季度通讯》
（ American Herb Association Quarterly Newsletter ）

本书不仅推荐给园艺工作者，还强烈推荐给所有对世界充满好奇的人。

——芝加哥植物园（ Chicago Botanic Garden ）

喜欢植物和园艺并为之着迷的人，在阅读本书后会更加喜欢植物和园艺。

——《东北博物学家》（ Northeastern Naturalist ）

本书用通俗易懂的语言介绍了植物的基本知识，且篇幅也不像一般的科学巨著那样长，因此我极力推荐本书。

——《俄勒冈人报》（ The Oregonian ）

卡彭的文字生动有趣，让丰富多彩的植物鲜活地呈现在了读者面前。有些人认为植物"无所事事"，对此，卡彭表达了自己的看法："在看起来无比平静的表面下，其实隐藏着植物的奥秘——它们的内部活动非常复杂，并不像人们想象中那样不费吹灰之力就能完成。"

——《学术图书馆书评》（ Academic Library Book Review ）

每一个对植物感兴趣的人都应该看看这本书。

——帕普斯（ Pappus ）

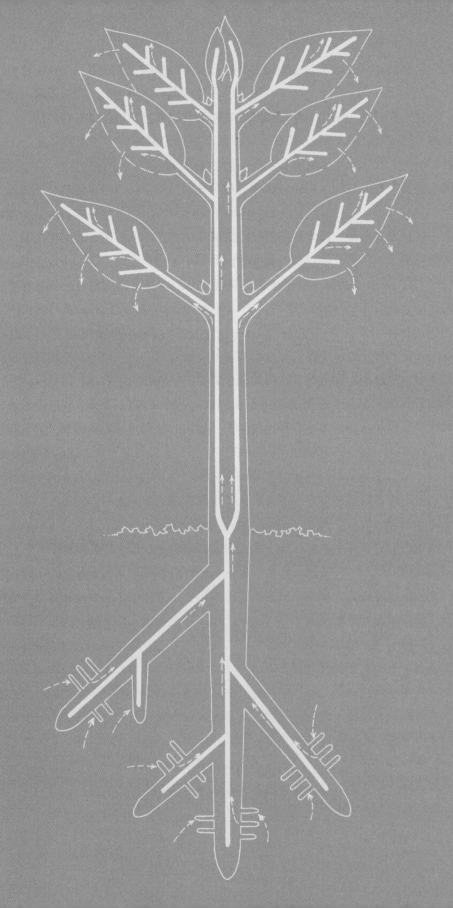

引言

无论是照料不起眼的盆栽，还是打理园林景观，任何一个与植物打交道的人，都会对植物神奇的生活方式着迷。植物可以轻而易举地在恰当的部位长出新叶，将茎向四周不断伸展，不经意间开出令人惊叹的美丽花朵，毫无差错地适应季节周期。

人们越是近距离观察植物，就会产生越多的疑问。数百年来，植物学家和具有好奇心的普通人通过观察、实验和研究，获得了大量信息，解答了许多疑问。遗憾的是，本书只能从这些丰富的信息中选取关于植物的基本知识，加以介绍。

比起研究植物生理机制、适应性和遗传学等方面的详细文献资料，园艺工作者更熟悉植物栽培方面的书籍和手册。很少有业余园艺工作者具备相关的背景知识去钻研最新的科学研究，尽管这些研究可以让我们不断深入地去了解充满魅力的植物。不管怎样，要想更了解你照料的植物，你不需要去获取更多关于花园热门植物的相关知识，而是要花时间从另一角度，即带着关于植物如何构成、如何生长、如何生存、如何繁殖的疑问去了解它们，即便是浅尝辄止，也是值得的。希望本书能帮助你开始这一探索。

目录

植物有哪些结构，它们是怎样生长的？　1

植物对环境的适应　69

植物的生理机制　118

繁殖和遗传　159

植物有哪些结构，它们是怎样生长的？

何为植物学？

植物学是一门研究植物的自然科学。研究植物的前提是，我们得知道什么是植物。对园艺工作者来说，这似乎是一个很简单的问题，而你可能会说："绝大多数情况下，植物都有根、茎、叶、花和产生种子的果实或球果。"事实上，植物还包括蕨类植物和苔藓植物，它们不通过果实和球果产生的种子来繁殖，而是通过粉尘状的孢子繁殖。如果继续深入了解，我们会发现，同属藻类的海藻和绿藻虽与花园中的植物差别巨大，但它们也是植物。

同属真菌的蘑菇和霉菌虽外表酷似植物，但与上文提及的植物有实质性差别，不属于植物界，不过确实也存在一些无根、无茎甚至无叶的植物，这就导致我们难以给"植物"下一个全面的定义。植物学家给出这样的定义：植物有别于动物，是一个既有多样性又有共性的生物大群体。接下来我们将详细介绍植物的这些特性。

由于植物是地球上最早进化出现的生物，因此即便没有动物，植物也能以各种形态存活，但如果没有植物，动物绝对无法生存。二氧化碳浓度过高会对动物有害，而植物可以吸收二氧化碳，产生动物呼吸所需的氧气。植物把太阳光能转化成有机物，不仅可维持自身生长，还能供养所有以植物为食的动物。人类出现后，不仅将植物作为食物来源，还用于其他用途。例如，我们不仅从植物中提取纤维织布，提取药物治病，获取木材建房、做家具、造船，还用植物来造纸，记录历史。

随着植物学的发展，我们对植物的认识拓展到了植物的生化结构和特性、解剖结构、生理机制、复杂的繁殖方式、遗传系统等领域，不过大多数园艺工作者对这些领域都知之甚少。与植物打交道难免会让我们对一些基础问题心生好奇：种子播种后，其内部会发生什么变化？植物如何将水分从土壤精准地运输到顶端？是什么使植物在反复修剪后还能茂密起来？是什么控制着季节性开花模式？植物如何生长，其生长又为何离不开光？无论是上述问题还是其他问题，我们都可以在本书中找到答案。

植物学用语

作为一门学科，植物学有大量描述植物复杂结构和特性的专业术语，这些术语常常令普通人望而生畏。不过，你可能会惊讶地发现园艺工作者也会使用一些植物学术语。由于缺乏合适的且易于让非专业读者阅读的对应词汇，在撰写植物学著作时，就只能使用专业术语了。无论是常用的还是不常用的术语，都会在本书正文及术语表中予以解释。为帮助你更好地理解术语，本书还会不时提到这些术语的希腊和拉丁词根。此外，书中大量的插图会使所提及的植物学术语和一系列概念更为明晰。

本书拍摄的样本有些是园艺工作者通常情况下观察不到的，只有通过特写镜头，有时是通过显微镜，才能看到，但它们确实是植物或植物的一部分。虽然所拍摄的植物样本大多数都是从我自己或邻居的花园、当地公园和南加州的植物园中挑选出来的，但每张照片所体现的植物学普遍原理同样适用于世界上几乎任何地方的植物。

植物学的分支学科

植物学可细分为多个不同的分支学科，每个分支学科都有各自的专家、学科局限和专业术语。在这些学科中，细胞学（cytology）① 是详细研究细胞的学科。

————————
① *kytos* 在希腊文中意为"容器"。

植物形态学家（morphologist）[①]的工作是研究植物的形态和结构。园艺工作者主要从表面接触植物，因此，比起细胞学，他们更熟悉植物形态学。植物解剖学研究植物细胞的细微结构，使用显微镜是观察这些结构的最好方式。分类学对植物进行科学分类，首先分为大类，再逐步细分为亚群。遗传学关注的是性状的代际遗传。生理学揭示了植物生理机制的一些奥秘。每一领域涵盖的内容都非常多，很难完全掌握，因此植物学家若想研究上述任一领域，都需要倾尽毕生心血。鉴于推出本书的目的是科普植物的基本知识，所以我们只会扼要地介绍每一领域的基础内容。

植物界

目前，世界上有将近40万个明显不同的植物种类，或称物种，其中约有13万种没有常见的根、茎和叶；约有15万种从不开花；约有15万种不是通过种子，而是通过微小的孢子繁殖。绝大多数植物通过光合作用合成自身所需的有机物。大多数植物一生都根植于一处，但也有一些简单的单细胞植物能够在生活的水域中游动。

植物的种类可用区间表示，该区间是一个从简单形态到复杂结构过渡的区间，既包括水生环境中的原始藻类，也包括最高等类群的植物，还包括一些处于二者之间的中间物种。对中间物种的研究能够展现植物的进化过程。藓类植物和苔类植物同属苔藓植物类群。藓类植物通常生长在花园中的阴凉潮湿处，苔类植物则鲜为人知。虽然苔藓植物个体微小，但其结构比藻类植物复杂，能很好地适应陆地生活。比苔藓植物略高等的是石松类植物和木贼属植物，这两类植物进化出了更为高等的结构，即根和茎。高等植物形态独特，受到园艺师的青睐。

鉴于本书的目的，我们将主要介绍两种进化程度最高的植物类群，也就是园艺师经常接触的植物类群。一种是裸子植物（gymnosperm），它们在球果的空隙中结出种子，比如在构成球果的鳞片之间结出种子。希腊文 *gymnos* 意为"裸露的"，*sperma* 意为"种子"，这两个词描述了裸子植物种子的生长方式。裸子植物是一种古老的植物，具有重要的经济价值。另外，其形态紧密结实，叶片呈针状或鳞状、色彩丰富，是园艺师喜欢选择的观赏性植物。裸子植物属于软木类，具有木质茎，用途广泛，比如松树和冷杉，不仅可用于造纸、制木材和胶合

[①] *morphe* 在希腊文中意为"形态"。

左页上图为生长在加州内华达山脉西坡的巨杉，树干硕大无比；左页下图为盛开的观赏性樱花，枝条纤弱细小，二者形成鲜明对比。

板，同时也是沥青、松节油和松香的原料来源。裸子植物种类繁多，包括所有针叶树，如雪松、红杉、杜松、柏树、冷杉、松树以及地球上最大的植物——巨杉（*Sequoiadendron giganteum*）；还包括许多观赏性树木，如美丽的阔叶树银杏（*Ginkgo biloba*），各种各样的扁柏属（*Chamaecyparis*）植物和北美香柏（*Thuja occidentalis*），以及最不像裸子植物的苏铁属植物等。另一种是被子植物，即最重要、最高等的植物——有花植物。被子植物是植物界最大的类群，约有 25 万种。被子植物（*angiosperm*）指种子在称为果实的结构内产生的植物（*angeion* 在希腊文中意为"容器"，*sperma* 意为"种子"）。被子植物常用于装点我们的家园和景观，不仅是我们饮食中几乎所有植物食品的来源，还是世界上硬木的来源。它们是最具多样性的植物，能极好地适应从热带到北极的广泛气候类型。

生物的特征

所有生物都具有一些共同特征，将自身与岩石等非生物区别开来，比如，植物能产生种子或孢子，以此繁衍生息。不过，植物只有活着的时候具有繁殖能力，死亡后就失去了这种能力。

倘若你有机会用显微镜观察植物，你就会清楚地看到，植物由无数个叫作细胞的小单元组成，而这些细胞无法用肉眼观察到。这是生物的另一个特征，即生物由一个或多个细胞组成。细菌只有一个细胞，树木则有无数个细胞。

也许有人会反驳说，叶子干枯死亡后，其内部的细胞仍然存在。但是死亡的叶子细胞已经停止工作，而在植物上生长着的叶子细胞具有活性，会积极地参与一系列复杂的化学反应，这些反应统称为新陈代谢。只要细胞或整个生物体还活着，它们就会进行新陈代谢活动，如果新陈代谢活动停止，细胞就会死亡。

岩石和玫瑰之间最明显的区别大概就在于前者不能生长。实际上，岩石不仅不能长大，还会随着表面风化而逐渐变小。与之相反，大部分动植物起初只是一个受精卵，而后逐渐成熟，日益长大。在生长过程中，它们若想存活下来，就必须应对周围环境的变化和挑战。生物基本都具有如下特征：具备繁殖能力，由单个或多个细胞组成，细胞会进行新陈代谢活动，一生中至少有一部分时间在生长，能应对环境变化。

生长模式

对于包括我们人类在内的动物而言，有限生长模式决定了身体可能达到的预期最大体型。有限生长模式隐含在基因中，由基因决定，而基因是遗传自父母的细胞指令。该生长模式在一定程度上决定身体预期要产生的细胞数量。剧烈运动可能会让细胞的体积增大，但细胞数量几乎不会增多。如果动物获得足够的营养且肌肉得到锻炼，就能充分发挥生长潜力，这在成长期尤为突出。

大多数情况下，植物没有特定的大小。换言之，植物表现出无限生长模式，至少根和茎如此。如果植物在无限的土壤空间里自由生长，根就永远不会停止生长，茎在露天环境自由生长时亦然。如果光、水、矿物质或氧气等营养物质减少，植物的生长就会受到限制。基因决定植物的寿命：一年生植物的寿命为一年，二年生植物的寿命为两年，而多年生植物的寿命则无限期。

将根和茎的无限生长模式与叶、花、果实和种子的生长模式进行比较，我们会发现，叶、花、果实和种子的生长周期通常是短暂的，它们的大小是特定的。在自然环境中，这些植物部位的大小很少会达到预期的最大值，除非园艺工作者对植物生长环境进行技术控制。换言之，在大量施肥、精心安排浇水时间、提供充足光照以及进行疏剪（剪除可能争夺养分的部分）的情况下，植物的叶、花和果实可达到最大尺寸。

植物的协调生长

动物可在不同的地方成长和生活。在每年的不同时期，环境都在不断变化，在此情况下，具备运动能力使动物可选择最有利于生存的环境。植物则一生都扎根于一处，植物体的一半（即根系）埋藏在土壤中。虽然被大量潜在的有害幼虫和土壤微生物（如真菌和细菌）紧密包围，无法逃脱，并且在生长过程中可能会遇到不可移动的石头，不得不改变方向，但植物根部却很好地适应了这种奇特而隐蔽的地下环境。

相比之下，由茎和叶组成的茎系则占据着日照充足、空气流通但常伴有狂风暴雨的地上空间。地上的生长障碍不同于地下，可能是昆虫和体型庞大且食量巨大的动物的掠食，也可能是风吹日晒造成的水分流失，甚至还可能是火灾造成的损害。

通常人们可能会认为，根系和茎系是反方向生长的独立结构，但是对于植物来说，根系和茎系是整个植物体的组成部分，相当于人体的双腿和身躯，必须协调生长。根系的生长和茎系的生长相互协调，二者相辅相成。植物会将用于生长的能量储备和养料等量分配给这两种结构，当日常或季节性环境变化对其中一种结构造成影响时，另一种就会将相应的能量和养料输送给对方。

何为细胞？

1665 年，英国物理学家罗伯特·胡克（Robert Hooke）使用一台自制的显微镜观察软木薄片的结构时，发现植物实际上是由微小的单位组成的，这让他兴奋不已。本来他可能只是想通过显微镜观察来证实当时盛行的观点，即"植物是由某种无定形物质组成的，这种物质就像是造物主用双手捏出的黏土"，但这个预期与他的发现相反。胡克是发现植物微小单位的第一人，他将这些单位命名为 cell（细胞）。选择该词是因为他对拉丁文很熟悉，cella 在拉丁文中不仅有"牢房"之义，还有"小房间"的意思。

随后出现了细胞学说，即所有生物都由一个或多个细胞组成。细胞学说对科学思想产生了巨大影响，这种影响不亚于近代发现的控制生物遗传的化学物质 DNA（脱氧核糖核酸）带来的影响。

要了解植物细胞的典型结构和功能，不妨把细胞看作一个大型工厂，它能利用水、空气和土壤生产出成千上万种不同的精细产品。只不过这个工厂使用的能源是阳光，而不是电力或燃油。工厂的设计是为了使自身能对内部的运转有较大的自主控制权，每当需要提高生产率时，它只需一两天就能建造出所有物理结构与自身完全相同的工厂。现在，请把这个工厂想象成一个盒子，盒子的每个边约长 1/2000 英寸（约 0.01 毫米），这就是细胞。

细胞中的活性部分原生质由两部分组成：细胞核和细胞质。细胞核是细胞遗传和代谢的控制中心，位于细胞质中，细胞质是一种柔软的胶状物质（胶体），细胞的大部分代谢活动都在其中进行。细胞质周围是一种称为细胞质膜的囊，细胞质膜与细胞内的其他膜一样，由蛋白质和脂质组成，可控制水、有机物和特定矿物质进出细胞。

半液态的细胞质中悬浮着许多微小结构，或称细胞器，它们分别执行细胞的不同功能。有些细胞器在动植物细胞中都是相同的，这暗示着两者在远古时期

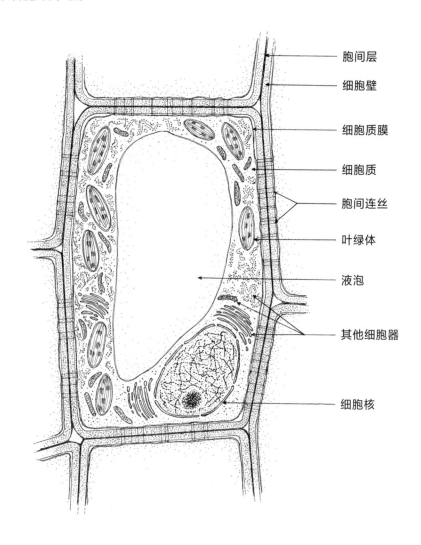

胞间层

细胞壁

细胞质膜

细胞质

胞间连丝

叶绿体

液泡

其他细胞器

细胞核

有共同祖先。叶绿体（*chloroplast*）是植物特有的细胞器，是进行光合作用的场所，可吸收光能并将其转化为有机物。绿色色素——叶绿素（*chlorophyll*）是进行光合作用必需的色素，存在于叶绿体中，顾名思义，叶绿素意为"叶绿体内的绿色色素"（*chloros* 在希腊文中意为"绿色"，*plastos* 意为"质体"，*phyll* 意为"叶"）。显然，植物的大多数根或其他非绿色部位没有叶绿体。叶的颜色实际上是数百万个叶绿体呈现出的整体外观，这些叶绿体只有借助显微镜才能观察到。

细胞器还包括线粒体和核糖体，线粒体通过呼吸作用从有机物中获取能量，核糖体专门合成蛋白质。有些细胞器只有借助高倍电子显微镜才能观察到，其功能我们尚未完全了解。

细胞核是细胞的控制中心，可发出让细胞进行活动、保持现状和分裂增殖的指令，这相当于工厂的总办公室。遗传物质染色体位于细胞核中，它携带由DNA组成的基因，基因控制着细胞的分裂增殖。

液泡（vacuole）占据着多数植物细胞的大部分体积。虽然 vacuole 意为"空荡之地"，但实际上液泡是一个有膜的内囊，内含细胞储存的大部分水分，同时也是细胞代谢排出的过剩矿质营养和有毒废物的存放处。

大多数情况下，每个细胞都单独活动，不过，细胞群会通过相互连接的细胞质细丝来交换营养物质和其他物质，从而协同活动，此时，细胞群的代谢活动和其他活动的效率都会提高。这些细胞质细丝称为胞间连丝（plasmodesmata），desmos 在希腊文中意为"链"。

细胞壁

每个植物细胞的原生质周围都有一层坚硬的细胞壁，可保护细胞内的活性物质。在相邻的细胞壁之间，果胶会形成一层将细胞黏合起来的薄层，称为胞间层（薄片状）。果胶还可以从植物中提取出来，作为增稠剂用于果酱和果冻的制作中。

大量细胞壁共同为植物提供结构支撑，植物任何部位的坚硬程度都与其细胞

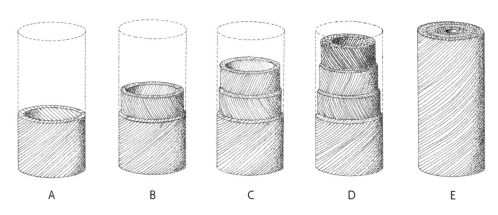

A B C D E

细胞壁增厚示意图。（A）由纤维素微纤丝组成的初生壁。（B-E）新增纤维素层依次叠生在初生壁内，形成次生壁。同时，木质素也会在每层纤维素层叠生的过程中形成并沉积在其表面。原生质逐渐萎缩，最终死亡。

壁的相对厚度成正比。例如，叶片轻柔易损，表明由薄壁细胞组成，而木质茎可支撑重物，是因为由极厚壁细胞组成。

细胞刚形成时细胞壁很薄，主要由纤维素组成，称为细胞的初生壁。随着细胞壁不断生长，它会通过合成更多纤维素和形成一种硬化物质（木质素）而增厚。栎树和白蜡树等硬木由具有高度木质化细胞壁的细胞组成。所有新增的纤维素层组成了细胞的次生壁，纤维素以细丝（微纤丝）的形式排列，木质素则沉积在纤维素表面。由活性细胞质新生成的每一层纤维素层都紧贴在此前形成的纤维素层内。

显然，随着细胞壁增厚，细胞内活性物质所占的空间会减少，进入细胞质的水和氧气也会减少。这无异于一种自杀行为，会导致原生质死亡，细胞壁停止增厚。即便如此，其余的中空细胞壁仍继续在植物的整个生命过程中提供结构支撑。在一棵活着的树中，高达 98％ 的枝干都由死亡的细胞组成，其中包括运输水分的细胞，大多数人对此感到很惊讶。

细胞壁的结构和细胞的生长

植物的大多数细胞都向特定方向生长，尤其是根和茎中的细胞，这是由纤维素微纤丝在细胞壁中的排列方式决定的。若将细胞想象成竖直放置的细长盒子，则盒子四面由平行环绕的微纤丝组成，而盒子顶部和底部的微纤丝相互交织，排列方式与四面截然不同。

细胞的体积变大时，细胞壁会暂时变软，同时，细胞质因吸水而膨胀。此时，侧壁微纤丝之间的键合松动，微纤丝因内压而分散，端壁的微纤丝则由于相互交织而无法分散。这就能够解释为什么细胞主要是纵向伸长，与根和茎垂直生长的方向大体一致（根和茎的增粗是由另一种生长过程引起的，后文将对此加以阐释）。一旦细胞达到预期的最大长度，次生壁会继续增厚，使其无法再伸长。

细胞的生长过程

发生在细胞水平的两个过程会共同促进植物的生长。第一个是植物体内已有细胞分裂成新细胞的过程。细胞的每次分裂都会产生两个完整的细胞，除了最初形成的受精卵外，植物体内的每个细胞都源于细胞分裂。

在细胞分裂过程中，最重要的是，要为每个新细胞提供包含完整基因组的细

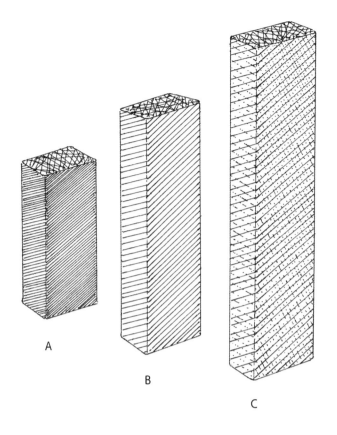

纤维素微纤丝如何决定细胞的生长方向。（A）幼细胞侧壁的微纤丝平行排列。（B）在侧壁微纤丝因细胞内压而分散时，细胞会伸长；而端壁的微纤丝交叉排列，因此细胞无法增大。（C）细胞达到最大长度后，次生壁会增厚使其无法再伸长。

胞核，这在有丝分裂（*mitosis*）[①] 过程中完成，在这个过程中，核 DNA 构成了一组线状染色体（染色体的字面意思是"着色体"，因为其容易被人造染料染色）。染色体会发生一系列复杂的运动，最终姐妹染色单体分离，分别进入两个新形成的细胞中。

第二个生长过程在上一节已有描述，即植物细胞在一定时期内伸长的过程。

有时，其他生物会入侵植物的一些部位，造成茎或叶不正常增生，影响植物各个部位的协调生长。这些不正常的增生称为虫瘿，由螨、蠓、蓟马等昆虫以及

---

① *mitos* 在希腊文中意为"丝线"。

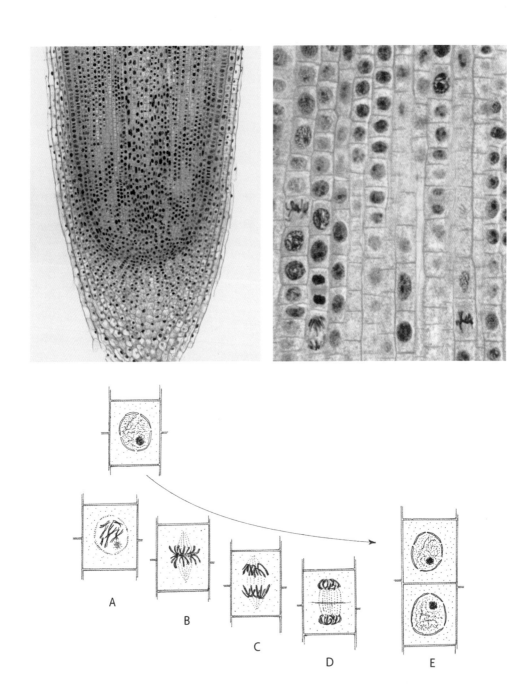

　　图为有丝分裂，即染色体的规律性运动。根的顶端分生组织位于根尖附近的 U 形区域（左上图）。在分生组织的细胞中，细胞核的分裂涉及姐妹染色单体的分离，分为以下阶段：（A）前期、（B）中期、（C）后期和（D）末期，到了（E）阶段已经分裂为两个子细胞。右上图是分生组织细胞的高倍放大图，显示了有丝分裂的几个阶段。

线虫、细菌或真菌引起，常见的虫瘿是由黄蜂引起的栎瘿。虫瘿是由入侵生物刺激植物细胞迅速生长而形成的，通常对植物整体无害。

分生组织

细胞的分裂和生长是植物生长的两个阶段，它们不是随机零散地发生，而是发生在植物内部明确界定的区域内。细胞分裂发生在称为分生组织（meristem）[1] 的区域，细胞生长则发生在分生组织附近的区域。在每条茎和根的顶端，顶端分生组织分裂出的细胞都会使茎和根伸长。在增粗之前，茎和根伸长的过程称为植物的初生生长。初生生长确保叶片能迅速伸向阳光，根能深入土壤。幼苗破土后迅速生长，这是常见的初生生长过程，只要茎和根不断伸长，初生生长就会持续进行。

茎长到适当的高度时，就要从基部开始增粗，以更好地支撑叶片，使叶片更稳定，这个过程至关重要，称为次生生长，是整条茎内分生组织细胞分裂的结果。随着植物日益长大，侧生分生组织也会延伸到根部。次生生长会使枝干和露出地面的根部以缓慢但可测量的速度增粗。

在生长旺季，顶端和侧生分生组织各自分工又相互协调，共同影响着植物的形态和大小。如果我们每天都去观察树木，就会几乎察觉不到树木的变化。只有在修剪时，或者多年后再次看到曾经熟悉的树木而几乎无法认出时，我们才会意识到植物一直在生长。细胞的分裂和生长是植物生长的基础，其原理很简单，但实际过程很复杂。

种子

种子是一种非常神奇的东西，它们小巧玲珑、易于储存，可在严寒或长期干旱的环境下存活，但是在这些环境中母本植株通常无法生存。种子在保持干燥的情况下可抵御真菌侵袭，虽然种子富含营养物质，对动物极具吸引力，但由于它们呈棕褐色，非常不起眼，可伪装在土壤环境中，因而常常能避开天敌的视线。

种子的表皮称为种皮，颜色、质地和厚度因物种而异。种皮的厚度和硬度决定了水分渗透进种皮的速度，这关乎种子在自然条件下进入土壤或经园艺工作者

---

[1] meristos 在希腊文中意为"分裂的"。

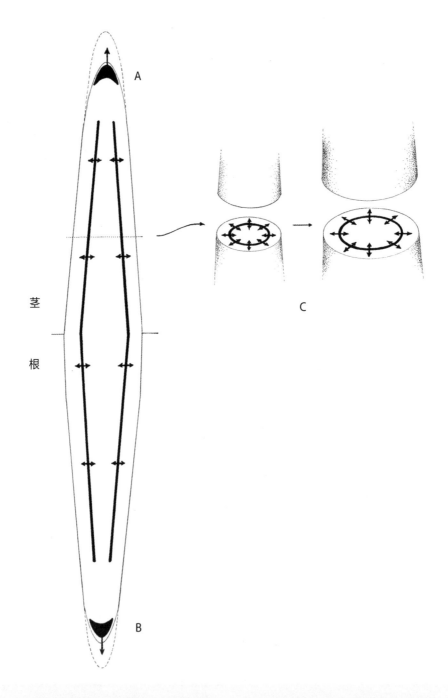

茎

根

A

B

C

图为分生组织，即细胞分裂的区域。（A）茎尖的顶端分生组织不断在自己后方产生新细胞，它负责茎的初生生长（伸长）。（B）根的初生生长是由顶端分生组织的细胞分裂引起的。（C）侧生分生组织使茎和根增粗，它实际上是由细胞组成的圆柱状组织，在次生生长过程中可向内外两侧分裂，使茎和根增粗。

播种后萌发的速度。

厚实的种皮必须要先经过破皮处理，也就是说，必须要先在种皮表面切开小口，以便水分经由小口渗入种子。在自然界中，种子有两种破皮方法，一种是土壤中的真菌和细菌逐渐分解种皮；另一种是在下暴雨时，土壤中不断运动的粗糙颗粒对种皮进行适度摩擦。后者是更为快捷的破皮方法。坚硬的种皮也可能在种子进入鸟类的嗉囊或大型动物的强酸性胃部时被分解。对一些种子来说，这种破皮方法对萌发极其关键，因此种子会包裹在色彩鲜艳、营养丰富的果实中，以吸引动物的注意力，并为吞食种子的动物提供果实作为回报。不仅如此，在这种看似不相干的关系中，种子才得以广泛传播。鸟类可在种子经过肠道的过程中飞行很远，在旅程的终点将种子与粪便一同排出，粪便也是一种肥料，有助于种子的萌发和生长。

如果园艺工作者收集植物的种子以备第二年使用，就有可能需要使用人工破皮的方法处理种子，许多羽扇豆属植物的种子就需要通过人工破皮的方法进行处理。一种非常烦琐的破皮方法是用锉刀或尖刀搓开每颗种子的种皮，另一种方法是将成批的种子放入浓硫酸中浸泡几分钟。使用硫酸时务必小心，并且一定要用流动的水彻底冲洗种子。还有一种方法是用粗糙的砂纸做小容器的衬里，粗糙的一面向内，放入种子，然后盖上盖子，猛烈地摇晃容器，直到种皮破损。

种子的营养物质贮藏结构和胚

豆类种子的种皮很薄，浸泡数小时后便很容易剥落。这些种子的主要部分是两个肾形的营养物质贮藏结构，称为子叶（cotyledon，在希腊文中意为"杯状中空"或"凹陷"，有些子叶的形状如此）。我们只有小心地将子叶剥开，才会发现种子发芽的奥秘——胚，胚是一种等待发芽的雏形植株。豆胚表现出完整植株的所有特征（虽然尺寸缩小了），即有短茎、一对叶脉清晰可见的浅色叶和根，根在该阶段称为胚根（拉丁语 radicula 意为"小根"），用放大镜仔细观察豆胚，我们就能充分欣赏完美的雏形植株。

被子植物的种子有一枚或两枚子叶，植物学家根据这种特征将其细分为两个主要类群，即双子叶植物（dicot，di- 意为"两个"）和单子叶植物（monocot，mono- 意为"一个"）。人们通常认为，与双子叶植物相比，单子叶植物进化得更晚。单子叶植物包括草类、谷物（小麦、燕麦、大麦、水稻、黑麦）、甘蔗、竹子、棕榈、百合、鸢尾和兰花。双子叶植物则是更大的类群，涵盖了玫瑰花、杜鹃花、白蜡树、紫菀等各种不同类型的植物。除子叶数目外，这两种被子植物类群还具有其他特征，下文将加以描述。

去除豆类种子的种皮和一枚子叶后，可以看到豆胚紧贴在另一枚子叶上。豆胚有根、短茎和一对微小的叶，等待着发芽的时刻。

玉米粒实际上是包裹于薄果皮内的种子，其种皮与薄果皮紧密结合在一起。玉米种子由胚、一枚子叶（玉米是单子叶植物）以及另一个称为胚乳（endosperm）①的营养物质贮藏结构组成，在种子萌发期间，胚乳可为幼苗提供营养。新鲜玉米棒的每颗玉米粒中均有的柔软白色浆状物就是胚乳。

种子的大小因植物物种而异，椰子种子是常见的大型种子。实际上，椰子种子是石头般的硬质壳内的部分，而硬壳其实是椰子果皮的一部分。椰子中可食用的白色椰肉可在种子萌发时提供营养物质，新鲜椰子香浓的椰汁是胚乳，胚乳在种子成熟期间转化成液态。芥末籽等种子是较小的种子，也是园艺工作者最熟悉的，人们常将它们用于比喻微小的东西。兰科植物结出的种子最小，其中一些小如灰尘颗粒，仅含基本的胚结构，能贮藏的营养物质少之又少。

种子休眠

在出生前，动物就已经表现出各种活动和生命迹象，而被子植物和裸子植物则不同，它们从看似干枯、无生命的种子中诞生。实际上，能发芽的种子有许多

① endo-在希腊文中意为"在……内"，sperma意为"种子"。

玉米粒内部结构图

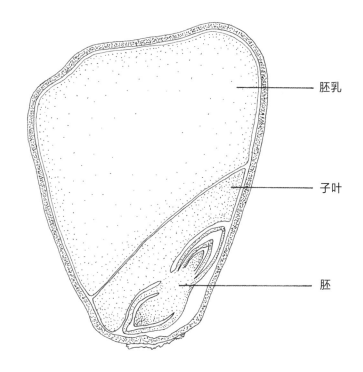

胚乳

子叶

胚

代谢活动，最终都会发芽，所以这些种子不是无生命，只是处于休眠状态。

种子在萌发之前的数月或数年的休眠期中，胚因细胞脱水而暂停一切代谢活动。草本植物在成熟阶段（植株呈绿色且质地柔软）的含水量约为95%，相比之下，种子的含水量不足自身重量的2%。种子正是由于含水量低，才能免受低温伤害。因为水结冰时会膨胀，而此时细胞中的冰晶会导致原生质分裂。不过，若种子完全干燥，也会失去存活能力，无法发芽。

种子存活的时间因物种和储存条件而异。低温储存法广泛应用于全球范围内的种子库，该方法可以长时间保持种子活性，这就可以避免由于人类破坏活动可能导致的植物物种灭绝。有报道证实了低温储存种子的方法确实效果显著，报道中说，科学家从冻土中取出的一批北极羽扇豆种子依然能够成功发芽，这批种子通过放射性碳定年法测出，至少有1万年的历史。不过，在室温条件下有些种子也能储存很长时间。比如，在法国自然历史博物馆中发现，存储了221年的含羞草种子仍能发芽。

种子发芽

适宜条件下，种子会从休眠状态中苏醒，进入短暂且旺盛的生命活动期。这些活动在植物生命历程中的其他任何时候都不会再发生。萌发过程中，胚是发育成幼苗或幼株的种子结构。在根尖和茎尖，顶端分生组织迅速对萌发刺激作出反应，进入初生生长过程。由胚芽发育成的叶直到被不断伸长的茎带出土壤后，才

（左图）种子开始萌发时，迅速发育的胚根突破种皮。

（下图）幼苗的茎向光生长，与此同时，根系会从幼苗基部向多个方向发出分枝。在土壤表面，钩状茎将子叶及子叶之间的茎尖一同带出土壤。

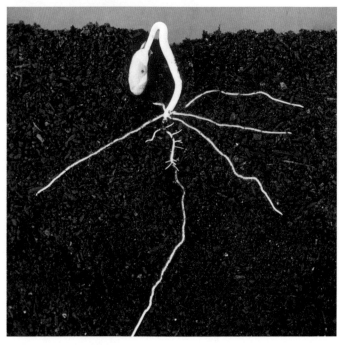

（左图）子叶露出地面时，豆茎会变直，由胚芽发育成的叶开始长大并变成绿色。

（下图）仔细观察豆苗可以发现，茎的生长锥位于第一对叶片之间。随着发育的幼苗不断消耗子叶贮藏的营养物质，子叶开始萎缩。

会展开。

　　子叶与胚相连，是胚的一部分，但二者在种子萌发时发生的变化全然不同。萌发过程中，子叶不会长大，而是会随着贮藏的营养物质转移给幼苗而逐渐萎缩。在豆科植物中，茎的下半部分不断伸长，将子叶略微带离地面〔茎的下半部分称为下胚轴（hypocotyl）①〕，因此我们得以观察到子叶萎缩的情况。几天后，子叶开始萎缩，最终脱离植物，此时，子叶的营养物质已消耗殆尽。植物的下胚轴将子叶带出土壤的方式称为子叶出土（epigeous）②萌发。豌豆粒等许多种子的子叶在萌发期间仍然留在土壤中，这种方式称为子叶留土萌发。

　　种子中营养物质贮藏结构的大小决定了种子可发芽的最大种植深度。例如，若将小粒种子种得过深，幼苗在长出地面之前就会将贮藏的营养物质耗尽。种子的包装上会说明具体的种植深度，不过，根据经验，种子的种植深度不宜超过其长度，过浅往往比过深更好。

　　我们通常认为，种子在脱离母本植株后才萌发。然而，对于一些红树林（Rhizophora）树种来说，种子在脱离母本植株之前就开始萌发了，这种方式称为胎萌。红树林在许多热带地区的沼泽海岸形成了密集的林带，其种子体积较大，有下垂的长矛形下胚轴和矛尖形胚根，下胚轴在幼苗脱离母本植株之前就开始发育，而后垂直落入周围的泥土中，准备开始生长。

利用种子贮藏的营养物质

　　种子就像干燥的海绵，能够大量吸收水分，种子最初通过吸胀作用吸水，在这个过程中，水分子渗入干燥的细胞壁和原生质之间，进入纤维素、蛋白质和其他物质之间的空隙。随着细胞结构吸收的水分越来越多，它们会变软并膨胀，就像干明胶颗粒浸入水中发生的反应一样。

　　大多数种子在完全吸水后，体积会变为原来的两倍左右，但种皮的膨胀程度不及胚和子叶的膨胀程度，因此种皮会裂开，使胚和子叶得以更快地吸水，同时得以充分接触土壤中的氧气。种子发芽过程中，接下来的化学反应都需要氧气。

　　这些化学反应的细节在此不详细介绍，反应的最终结果是，子叶和胚乳（如果有）中的大分子物质（淀粉、蛋白质和脂肪）被分解成易于运输的小分子物

---

① hypo-意为"在……下"。
② epi-意为"在……上"，ge-意为"地面"。

质，如糖和氨基酸。小分子物质被运输到胚后，有助于幼苗的分生组织生成新的细胞，并为幼苗提供生长所需的能量。动植物都是通过呼吸作用在有氧条件下消耗营养物质，从中摄取能量。不过，动植物获取氧气的方式不同。氧气只是从植物的周围环境（如疏松土壤的孔隙）中扩散到植物体内，而人类等更高等的动物在呼吸过程中，会更主动地获取氧气。

如果胚获得足够的营养物质，胚根就会扎入土壤中，将新生植物固定住，并通过另一种更为重要的方式，即渗透作用，从土壤中吸收所需的矿物质和水分，本书后文将对渗透作用的过程加以介绍。很快，就轮到胚芽开始生长了。在它生长时，茎尖向下弯曲，茎呈钩状，随后将幼嫩的叶片从土壤中带出，顶端分生组织在两片叶片之间得到保护。

在生长的早期阶段，幼苗完全依赖种子的营养物质贮藏结构（子叶和胚乳）提供营养。这种对非自身来源的既有营养的依赖是异养营养（*heterotrophic nutrition*）[1]的特征。动物和真菌（蘑菇和霉菌）消耗的都是异养营养，而进行光合作用的植物消耗的是自养营养（*autotrophic nutrition*）[2]。只有幼苗的第一对叶片被带出土壤并接触到阳光时，植物才会开始自养，这是植物从依赖种子提供营养到成为独立植物体的重大转变。一旦植物开始自养，光合作用就会提供植物往后所需的一切养分。

嫩芽钻出土壤后，发芽过程正式结束。幼苗后续的生长发育包括茎的生长、第一对叶片（起初在豆籽中看到的一对微小叶片）的完全展开以及根系在地下通过不断分枝进行的增殖。

种子发芽的其他条件

大多数种子只需要水、适宜的温度和能供氧的疏松土壤这些基本条件就可发芽，但有些种子的发芽需要其他特殊条件，包括进行预冷或预热处理、彻底清洗种子、用红光照射种子等，最不可思议的是有的种子需要用火将种皮烧焦。

有些种子从果实中脱落后，需要经历一段后熟期才能萌发，在这个时期，胚逐渐成熟，种子内所有系统都在为萌发做准备。即使是同一棵植物或同一个群落的亲缘植物在同一个时期结出的种子也可能不会同时发芽，虽然这可能会对园艺

---

[1] *hetero-*在希腊文中意为"不同的"，*trophic* 意为"营养"。
[2] *auto-*在希腊文中意为"自我"。

工作造成困扰，但在自然界中，数月或数年的交错萌发机制有利于物种生存。如果种群中的每一颗种子都同时萌发，发生晚霜或反常干旱时，所有幼苗同时死亡的风险就会增加。整个生命周期中，植物在种子阶段抵御极端环境的能力最强，在幼苗阶段最脆弱。交错萌发机制可随时在土壤中保有能发芽的种子，以便及时化解幼苗死亡的危机。该机制的形成得益于种子不同的后熟率，以及由于种皮厚度不同产生的不同破皮率。

影响发芽的另一个因素是种子中有抑制萌发的化学物质，这些物质通常存在于种皮中，必须通过大雨才能冲刷掉，在冲刷的同时，雨水还能完全润湿土壤以确保幼苗长出。通过这种巧妙的方法，种子就不会受夏季阵雨的欺骗，能够判断出雨量是否充足，是否适合发芽。你可能偶尔会在葡萄柚内发现发芽的种子，但在大多数果实中，特殊化学物质或仅仅是高浓度钾都会抑制种子萌发。从这些肉质果实中收集的种子，应该进行彻底清洗和干燥处理才能播种。

有趣的是，通过化学物质抑制发芽，植物可能会抑制周围相同物种或不同物种的生长，防止它们与自己争夺有限的空间和资源，这种现象称为化感作用（allelopathy，在希腊文中意为"相互伤害"）。化感作用的产生是由于含有特殊化学物质的植物掉落枝叶时，枝叶里的化学物质会被冲刷进周围土壤中，土壤里含有大量该物质，抑制了周围植物的生长。少数情况下，根部会分泌化感物质，胡桃树的根就是这样，因此农民无法在其附近种植其他作物。化感作用是一种有趣的现象，有助于开发天然除草剂以及选择混作和间作的作物。

土壤中的种子看起来像是在休眠，实际上它对环境变化反应非常灵敏。为了让幼苗在最适宜生长的季节里苗壮成长，温带地区（冬季寒冷的地方）本土植物的种子必须在春季最后几场雪融化后发芽。如果幼苗在上一年年底就开始生长，就会浪费种子，因为没有一株幼苗能熬过寒冬。为避免出现此情况，种子在萌发前必须经过层积处理，也就是说，种子必须经润湿并在较长时间内处于低温状态。自然界中，这种情况会在正常的季节周期中发生。种子在夏末形成，经秋雨滋润，整个冬季都处于低温状态，准备在阳光明媚的暖春发芽。层积处理也可以人工进行，比如，将种子置于几层湿纸之间，放进冰箱一两个月就可完成。除了层积处理，还有另一种奇特机制能够确保种子在特定季节发芽，这种奇特机制涉及种子大量吸水后激活的化学系统对日长变化的感知。

对于任何只有在阳光直射的明亮环境中才能旺盛生长的植物来说，如果种子在其他植物的荫蔽处发芽则不利于生长发育。一些喜阳植物产生的种子只能在红光的照射下萌发，在荫蔽处则无法发芽。阳光有多种颜色（波长），我们可以从彩虹的七色光谱中看到。阳光透过叶片时，叶绿素会捕捉红色光波。例如，夏季茂密的阔叶林树冠会过滤阳光中的红光，因此地下的种子就会因红光不足而无法发芽。在落叶树林（冬季落叶的树木）中，光敏感种子会一直休眠到早春才发芽，早春落叶树的叶冠尚未重新长出，阳光可以照射到地面，并且此时的温度和土壤含水量都有利于幼苗生长。在常绿的热带雨林中，种子可能要等待多年才能萌发，它们要等到粗壮的老树倒下，腾出空隙，让充足的阳光照射到地面，阳光对其产生刺激，它们才能发芽。

有些种子的发芽还需要另一个特殊条件，即用火灼烧。显然，这些极端的方法仅适用于种皮很厚的种子。灼烧对于有些地方的植物来说是最常用的辅助发芽的方法，在这些地方，时常会发生闪电，引起火灾，其实这是大自然平衡系统中的一部分。在地中海气候地区，包括美国西南部，有一种属于查帕拉尔群落的低矮灌木，生有皮革般坚硬的小叶片，富含易燃树脂。其落叶和枯枝中的树脂会让火势迅速蔓延，尤其是在长满这些灌木的陡坡上，火势蔓延得更快。灌木的种子从大火中幸存下来，除了被灼烧外，并无大碍，而种子经灼烧后，就可以在随后的降雨中吸水。大火除了帮助种子发芽以外，还会将干枯多年的枝干烧为灰烬，转化为养分，循环利用。灌木经灼烧后从地下的根冠开始重新生长，焕发出勃勃生机。对于从大火中逃生并很快重启新生活的动物来说，新生植物更美味可口。在烧黑的肥沃土壤中，幼苗迅速生长，许多喜阳植物，尤其是一年生植物，随着灌木的烧毁，会迅速占领（至少是暂时性占领）这些原本不利于自己生长的地方。

在尝试种植几种沙漠野花时，我发现将刚采集的种子放入49℃的烤箱中加热一周后再种植，发芽率最高。这种苛刻的处理反映了种子在沙漠中萌发的预热处理需求。沙漠中种子的预热需要在夏季完成，夏季，沙漠土壤及土壤浅层的种子温度才可能会达到49℃，满足种子预热处理条件。经过夏季高温预热处理，种子就能在冬季发芽生长。冬季是沙漠一年当中最有可能降雨的季节，而且气温普遍较低，适合种子萌发。

园艺植物和农业植物具有几个共同特点，其中之一是种子很容易发芽，且一定会发芽。需要特殊条件才能发芽的许多本土植物物种（如前文提到的一些）很少会受到关注，通常只有具备专业知识的植物学家和对园艺极其热衷的人才会对它们感兴趣。不过，这些野花往往独具魅力，极富简约之美，即便在花园中种植它们时会遇到更多挑战，也是值得的。如果你对种植野花感兴趣，可到当地本土植物协会咨询野花繁殖的相关信息。

成熟的植物：根系

除了胡萝卜、甜菜、芜菁和小萝卜等蔬菜作物的根部外，植物的地下部分很少会受到种植者的关注，这并不是因为根部藏在地下，而是因为它们确实缺乏花朵的美感和叶子的吸引力，因此少受关注也合乎情理。只有将植物挖出或将盆栽植物移植到更大的花盆中时，大多数种植者才会不经意间留意到根部及其生长情况。

根部因简单而独具魅力，它们没有引人注目的装饰，也没有壮观的形态，但它们有流线型的结构，可出色地完成三件事：将植物固定在土壤中；吸收水和矿物质；将过剩的营养物质贮藏在动物难以找到的地下，供将来使用。

根系将植物固定在土壤中的方式有两种，有时也会将两种方式结合使用。第一种方式是用须根系固定植物基部周围的大面积浅层土壤，须根系由许多细长且分枝繁多的根组成。这种根系较为靠近地面生长，可有效防止水土流失。比如，禾本科植物进化出了有效预防水土流失的须根，能够将自己牢牢固定住。不仅如此，须根系还能在水分刚开始渗入地下时就将其吸收，并能及时从表层土壤中吸收矿物质，以免矿物质因雨水冲刷而流失。第二种方式是直根系植物将一两条生长迅速、分枝较少的根径直扎入土壤中，从土壤深处吸收水和矿物质。在土壤易于流失或风力较强的地方，直根系能极好地固定植物。第三种方式是须根系与直根系相结合，这类植物既有须根又有直根，其中一些植物会同时利用两种根系，另一些则根据土壤和水分条件采用其中一种，即在表层土壤湿润时用须根系，在表层土壤干燥时则用直根系。特定的根系具有遗传性，因此常用于区分不同的植物科。

须根和直根均可贮藏营养物质，但直根的直径更大、长度更长，因此可贮藏的营养物质更多。胡萝卜就是说明直根适于贮藏营养物质的最好实例，当然，正是由于胡萝卜富含营养物质，它成了备受我们青睐的美食。在冬季树梢枯萎，或在叶片脱落、茎进入休眠状态时，二年生和多年生植物正是利用了根部贮藏的营养物质，才得以在即将来临的春天迅速长出新枝叶。

须根的生长范围因植物物种和土壤含水量而异，在含水量较少的土壤中，须根通常靠近地表生长。例如，草坪应多量少次浇水，而不是少量多次浇水，以降低土壤表层干燥和昆虫啃食嫩根尖对根系的影响，促进深层根系的生长。为了解发达须根系的生长情况，科学家曾对一株成年黑麦的根进行了计数和测量。结果显示，这株成年黑麦大约有 1400 万条根，总长度竟达约 630 千米，简直令人难

须根系（左图）和直根系（右图）的对比。

以置信。

令人出乎意料的是，有些大树只有浅根，但这些根向四周蔓延，铺展成垫状，形成了支撑树干的大面积根基。这种根系在热带雨林中很常见，即使是高达约 60 米的参天大树，其根系扎入土壤的深度也不过约 1 米。这种根系的优势在于，可吸收林地上腐烂植物释放的养分，以免养分被暴雨径流从浅层土壤中冲走。

温带地区的针叶树通常由深入土壤的直根固定，直根会在水平方向长出许多侧根。虽然大多数树木的根会长到一定长度，但很少会超过茎的最高高度。林木、观赏性植物和果树的根通常呈环状广泛分布，吸水的根尖占据着滴水区，即树冠范围以外的地面区域，雨水从树上的叶片滑落进该区域。我们给园林树木浇水和施肥时，应牢记根系的这种生长模式。

大多数园艺和农业植物的根系相对较浅，深度在 0.3 ~ 2 米。例如，杂交玫瑰的根系不深，无论是对其进行根块还是裸根移植都较为容易。但在野生植物物种中，长达 10 ~ 15 米的直根很常见。一些沙漠灌木的直根能够垂直延伸超过约 30 米，而仙人掌的浅须根则向四周延伸，在少量雨水渗入结实而灼热的沙漠表面时，浅须根可将其吸收。

根的生长

根不断生长，主要是为了在以植物为中心的一定范围内探寻土壤中的水和矿物质，因此初生生长（伸长）是根最重要的生长过程，而顶端分生组织则是初生生长的关键。顶端分生组织产生的大部分新细胞都在生长锥后方，新细胞在此处使根伸长，随后，在细胞伸长时，根尖就会奋力钻进土壤。由于受损后无法再生，分生组织会在自己前方产生细胞，形成根冠，进行自我保护。虽然根冠细胞也容易受损，但它们会迅速从内部重新长出，就像我们的皮肤干燥后从表面脱落再重新长出一样。当根冠细胞被尖锐的土壤颗粒磨破时，其原生质会形成一层黏液，在根尖钻进土壤或绕过较大的障碍物时起润滑作用。在路堑和其他挖掘工程的施工过程中，我们经常会看到根在生长过程中将岩石撑破，这足以证明在显微镜下看似脆弱的活细胞实则力量强大，令人钦佩不已。根得以完成如此壮举，完全得益于缓慢而持久的生长。

根毛和根的分枝

根的所有初生生长活动都集中在距根部顶端约 5 毫米的区域内，因此，水分的吸收发生在顶端附近，即根部周围出现绒毛的带状区域。该区域由成千上万向外突出的根毛组成，根毛是根的外侧细胞的延伸，使根吸水的表面积增加了数百倍。根毛越多，吸水的速度越快。将根从土壤中挖出时容易损坏根毛，所以我们很难观察到它们，但如果将在湿纸巾上培育出的幼苗（小萝卜苗的效果最佳）放入盆中，盖上盖子放置五天，就能看到明显的根毛了。根毛区的宽度通常是固定的，根部在不断生长的过程中，新根毛在紧靠生长锥的区域长出，而老根毛则从根毛区顶部开始萎缩、死亡。

根的分枝发生在距根部顶端一定距离的较老的根段处。侧根从母根深处产生，往往垂直于母根生长，以便更好地向周围土壤延展，扩大生长空间。每条侧根都是母根的精确复刻，都具有顶端分生组织、相同的生长方式、根毛以及形成自身分枝的能力。

小萝卜幼苗上发达的根毛（如图所示）可吸收进入根部的大部分水分。新根毛紧靠根的生长锥长出，而较老的根毛则从根毛区顶部开始萎缩。

成熟的植物：茎系

　　茎系由植物的地上主茎、树枝及树叶组成，它们起初都从茎的顶端分生组织中长出。茎的生长锥（顶芽）的结构和活动都比根部生长锥的结构和活动复杂得多。顶芽通过正常的细胞分裂和伸长过程使茎变长，使叶子有序地排列在茎上，并为最终产生分枝做好准备，这些变化都发生在距茎最顶端约 1 毫米的范围内。如果用显微镜观察顶芽，就可以很清晰地观察到这些神奇的变化细节。

　　半球形顶端分生组织由不断分裂的细胞组成。在顶端分生组织两侧，耳状裂片代表了叶子形成的最初阶段，它们此时称为叶原基。叶原基将顶端分生组织包围，使其不致因风吹日晒而干燥萎缩。每个叶原基底部都有一个小突起，即腋芽原基，最终可能会形成分枝。根的分枝从内部产生，而茎的分枝则从外部的芽产生，这些芽位于叶和茎的夹角（腋）间，因而得名腋芽。腋芽在植物刺激其生长之前会一直处于休眠状态。腋芽长成分枝的方式与主茎的初生生长一样，都会长出顶芽、叶和自身的腋芽，自身的腋芽又进一步长成分枝（其实，被子植物的花

摘下牛油果枝条的一片叶子后，顶芽就露出来了，植物最重要的一些生长过程就发生在这包裹紧密的浅色顶芽内部。

顶芽内部的高倍放大图

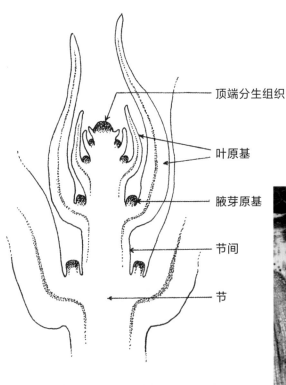

顶端分生组织

叶原基

腋芽原基

节间

节

茎尖的顶端分生组织不像根的生长那么简单，它必须在茎上每隔一定距离就精确地长出枝叶。

鞘蕊花属的叶子交替排列在节上，并由伸长的节间隔开，它们已准备好尽其所能地捕获阳光。

也都是由主茎或分枝的顶端分生组织发育而来的）。

　　茎在形成过程中会分化成许多称为节的较短部位，节上会长出叶和腋芽原基。节与明显的茎段，即节间（*internode*）[①]交替出现。在茎生长时，节间伸长，将叶子连同腋芽的距离拉开，以确保每片叶子都能最大限度地接触阳光和新鲜空气，并保证腋芽长出的枝条间距适当。

　　为进一步降低叶片在茎上的密集程度以及减少叶片对光的竞争，分生组织会在不同方向依次长出叶原基。叶的基本排列方式有三种：互生、对生和轮生（在茎周围呈环状排列）。值得注意的是，在大多数植物中，如果我们沿茎干从上往下探寻叶的排列方式，就会发现成对的对生叶和单片的互生叶都指向不同方向。只要低头看看茎上长满的叶子，就会知道这种排列方式是如何有效地将叶片暴露在直射光下的。尽管叶片很多，我们仍可明显地看到每片叶子。茎的主要功能是支撑叶片，使其最大限度地捕获阳光，进行光合作用。

　　茎系通常可长出无数枝条，但茎上的腋芽只有一小部分会同时生长，其余的则处于休眠状态，也许会休眠几年，以便在顶芽被病害、霜冻、强风或动物摧毁的情况下作为后备生长点。园艺工作者修剪植物后，腋芽仍然存在，并随时准备着生长。新植株甚至可能从树桩上长出，因为树皮内有长期潜藏的芽。

---

① 　*inter-*意为"在……之间"。

每片新叶在长出时，都会从茎部向不同方向生长，以尽可能避免遮挡下方的叶片。与龙舌兰相比，八角金盘的叶片（上图）因叶柄伸长而间隔开来，而龙舌兰的叶片（下图）则直接长在茎上。

叶的排列方式：（A）互生，（B）对生，（C）轮生。

有些植物类群不会产生腋芽，只依靠一个顶芽生长。这似乎是一种冒险的策略，原因在于，如果单个顶芽受损，植物未来继续生长的所有可能性就会完全被抹杀。大多数棕榈树都只依靠一个顶芽生长，虽然少数棕榈类植物可能会从基部萌发新芽，但不会在树干或直立茎的基部以上发芽。

在草本植物的茎上，通常每个叶基处都能看到一个腋芽（有时不止一个）。为防止植物头重脚轻，腋芽通常会从茎系的基部开始生长，逐步长成枝条，以保持低重心。但草本植物茎的结构柔软，所能支撑的枝、叶和花的数量有限。在进化过程中，只有木本植物在茎内形成木材时，支撑能力才得以提高。

多年生木本植物通常生有大量枝条，可分为乔木和灌木。二者有何区别？根据定义，乔木有一个或少数几个支撑树冠的主干，而灌木则是较小的植物，有许多木质茎，分枝靠近地面。显然，这种区别并不总是一目了然，因为大如乔木的灌木或小如灌木的乔木都很常见。

（上图）腋芽是茎的潜在
分枝。

（左图）桉树砍伐后，树
桩上隐藏在树皮内的休眠芽
会长成新的枝条。

乔木和灌木的形态对比图

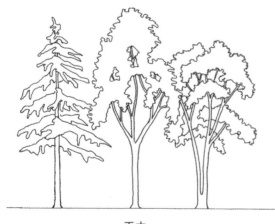

乔木

灌木

木材的形成

土壤中的根系具有与茎系不同的支撑功能。大多数树木的老根会随着年龄的增长逐渐增粗，并形成木芯，与此同时，枝干也会增粗。这样，根就会把植物固定得更牢，并运输更多水分，满足植物地上部分的生长需求。

有些植物茎长长后，只会在地面蔓延，对叶片的支撑作用微乎其微，一些草、常春藤和地被植物的匍匐茎便是如此。这些植物无须在茎内形成木材，因而可将生长发育所需的宝贵原料、营养物质和能量用于初生生长过程，即叶片和花朵（如果有的话）的发育过程。

当然，叶片长在直立茎上也有其优势，比如能更多地接触直射阳光，更少地被阴影遮挡。不过，直立茎长高后需要更有效的方法来支撑植物体，最常见的是在植物的次生生长过程中形成木材以使茎增粗。几千年来，人们一直用木材建房、造船、做家具，深知木材是重要的建筑材料，是大自然无与伦比的产物。但是，自然界中木材的生成成本很高，因为木材生成时，植物需要分配给它大量的营养物质和能量。这些营养物质和能量来源于植物的根系、繁殖结构和能够进行光合作用的叶子。植物各部分的能量分配问题是科学家关注的问题，普通的园艺工作者一般不会关注。不过，即便是我们这些普通人，如果对这个问题稍加考虑，也能对植物的复杂性了解一二。

木质化枝条的特征

枝条的末端是发生初生生长的部位，通常呈草质形态。在末端附近，可以观察到枝条从草质形态过渡到木质形态，这体现在颜色和硬度的变化，枝条由绿色变为褐色且逐渐变硬。木质化枝条的几点特征值得我们注意，这些特征在冬季的枝条上最容易观察到，其中之一是落叶树每年落叶后表现出来的特征。

树皮在枝条变为褐色的位置开始形成。起初，树皮平滑有光泽，但随着年龄的增长，树皮会变厚且表面开始干裂。外层的树皮称为木栓，会不断从大多数木本植物上零散或成片脱落，但也会不断从植物内部长出。

冬季，光滑幼嫩枝条的树皮上散布着介壳虫般的小突起，它们实际上是呼吸气孔，称为皮孔，氧气等气体通过皮孔进出树皮内层的活细胞。枝条的节上是腋芽，腋芽下方是叶痕，叶痕是秋天落叶后留下的痕迹。在每个叶痕内部都可以看到小点，它们是运输养料和水分的维管束，这些维管束曾在相连的茎和叶之间运

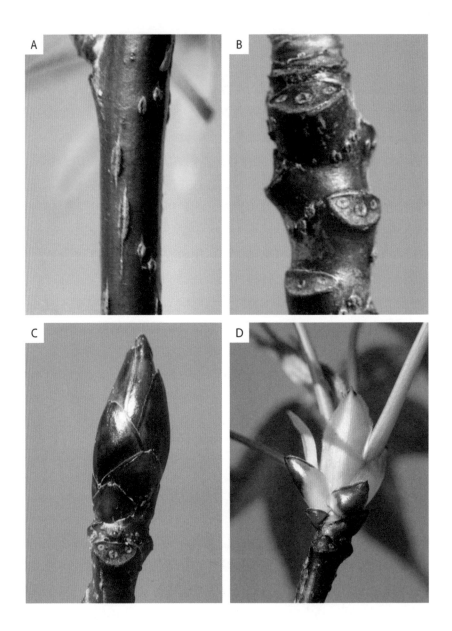

输养料和水分。叶子一脱落，整个叶痕就会被一层薄薄的木栓紧紧封住，以防止真菌侵袭和水分流失。

相互重叠的芽鳞在冬季将枝条的生长锥包裹在内，形成紧密的顶芽。顶芽在秋季落叶时就开始形成，为树木每年进入休眠期做准备。受到良好保护的顶芽可免遭严冬的肆虐，准备迎接春天的到来。

新叶开始蓬勃生长时，会将顶芽鳞片挤到一旁。芽鳞脱落后，留下几圈同心

（A）皮孔，即木质茎幼嫩树皮上的呼吸气孔。

（B）叶痕是叶子脱落后在茎上留下的痕迹，每个叶痕内部的点状突起是运输养料和水分的维管束断裂后留下的痕迹，叶痕之间的茎干散布着皮孔。

（C）休眠芽包裹于光滑的芽鳞内，可安然越冬。

（D）春天新长出的芽将芽鳞挤到一旁。

（E）顶芽鳞痕形成了许多环状，表明冬季时期茎干在此处暂停生长。

芽鳞痕，标记着树木从冬季休眠期中唤醒。每年春天茎上都会留下一组顶芽鳞痕，因此芽鳞痕的数量可反映出枝条的年龄。常绿乔木和灌木不会进入冬季休眠期，没有芽鳞痕的逐年记录。虽然在常绿树的茎上可能会看到叶痕，但其叶痕通常位于茎的基部，叶片在茎的基部脱落是树木正常老化的结果，而不像落叶树每年有规律地落叶，是一种生长协调活动。

成熟的植物：叶

叶具有巧妙精致的结构，能够捕捉光，光合作用产生有机物的能量来源就是光。树木常常通过伸展开的叶片来捕捉光，这些叶片必须轻薄且半透明，以便光能够照射到叶片最内层的细胞。为了更好地让每片叶子都能晒到太阳，树木会用叶柄将叶子向四处伸展。不像沉重又不透光的木材，叶柄能够转动叶片，追踪一天中不断变化位置的太阳。叶柄还能提高叶子韧性，对抗狂风暴雨，并有助于叶片保持间距，最大限度地接受直射阳光。描述性术语"有柄叶"（*petiolate leaf*）指的是带叶柄的叶片，与无柄叶（*sessile leaf*）形成对比，无柄叶的叶片直接长在茎上（*petiolus* 在拉丁文中意为"柄"，*sessilis* 意为"无柄的"）。

单叶只有一片叶片，复叶则有许多较小的叶片，即小叶。有些复叶会发生两三回分裂，在这个过程中小叶会再分裂成越来越小的小叶结构。分裂的次数越多，叶子的外观就越像羽毛。与单叶相比，复叶的主要优势是阳光能够透过小叶之间的空隙，照射到下层的叶子。复叶的重量往往较轻，因此需要的茎部支撑力较小。羽状复叶（*pinnately compound leaf*）[1] 的小叶排列在叶轴两侧；掌状复叶的小叶则从叶柄末端向不同方向伸展，像一个五指张开的手掌。

与羽状复叶和掌状复叶一样，叶脉中羽状脉序和掌状脉序的名称来源于其形状。当然，也有平行排列的叶脉，这种叶脉在禾本科植物、棕榈和鸢尾等单子叶植物的叶片中最为常见。羽状脉序和掌状脉序的叶脉有许多分支，因而总体呈网状（*reticulate*，来源于拉丁文，意为"网状的"），柔软的叶片组织腐烂后，剩下的叶片仅有叶脉，称为"透明化叶片"，此时，叶片的网状更加明显。

叶还有其他特征，如叶片的整体形状、叶端和叶基的形状以及叶缘的类型（裂片状、波状、齿状等）等。后四页插图展示了不同形态的叶子。

植物学家利用叶片的形态特征进行分类学（分类法）研究，用以描述物种及近缘种类群，即属之间的差异。我们不需要了解这些专业术语，就能体会到正是因为叶片拥有无限多样的形态和颜色，大多数盆栽植物和许多园艺植物才能引人入胜。在植物生长过程中，叶子起初都是从外形尤为相似的叶原基开始发育生长，最终不同植物长出的叶子类型独一无二，它们究竟如何拥有如此令人惊叹不已的不同叶子形状？关于这点，我们仍然无从所知。每片叶子的独有特征都是在叶片和叶柄的整个生长过程中逐渐显现的。

叶的大小各不相同，最小的当属浮萍（*Lemna*）叶，浮萍是一种微小的漂浮被子植物，浮在平静的池塘水面上，形成了一层绿色的"地毯"，其叶片大小约为 2.5 毫米或更小。棕榈树的巨大复叶（每片均为复叶）则是最大的叶子。亚马孙王莲（*Victoria amazonica*）是亚马孙地区的本土植物，其叶片庞大奇趣、圆而

---

① *pinnately* 来源于拉丁文，意为"羽状的"。

叶的组成部分

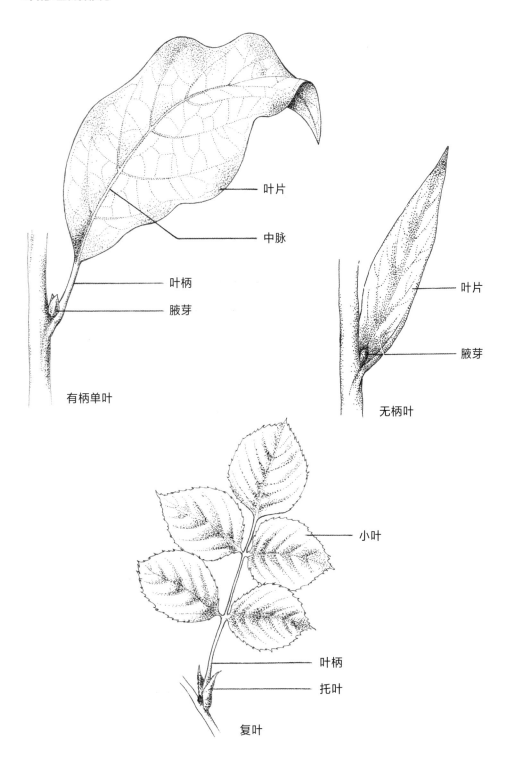

叶片

中脉

叶柄

腋芽

有柄单叶

叶片

腋芽

无柄叶

小叶

叶柄

托叶

复叶

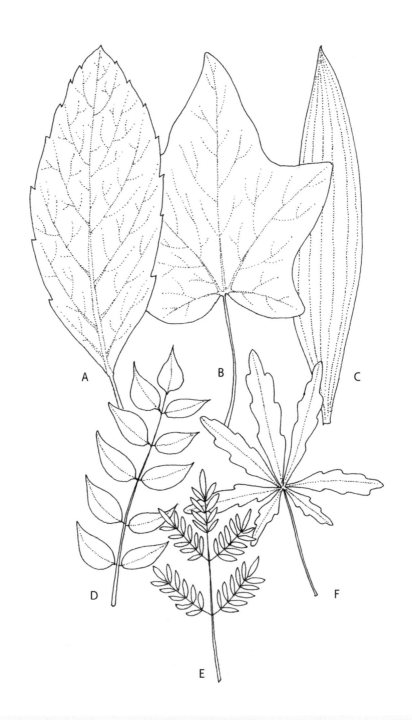

脉序类型和叶的类型。单叶：（A）羽状脉序，（B）掌状脉序，（C）平行脉序。
复叶：（D）羽状复叶，（E）二回羽状复叶，（F）掌状复叶。

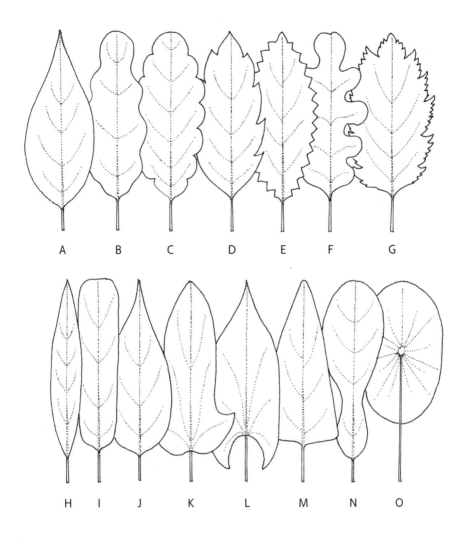

叶缘类型：（A）光滑，（B）波状，（C）圆锯齿状，（D）锯齿状，（E）齿状，（F）裂片状，（G）双锯齿状。叶片形状：（H）线形，（I）长圆形，（J）卵形，（K）戟形，（L）箭形，（M）三角形，（N）匙形，（O）盾形。

平坦，直径可达约 2.03 米，边缘上翘，高约 5 厘米。亚马孙王莲的叶片漂浮在水面上，背面有结实的叶脉网支撑，一片完整的亚马孙王莲叶片可以承受的重量高达约 75 千克。

　　大多数叶片受损后无法修复，如果昆虫咬断了叶脉，断开的叶脉两端可能会被叶片产生的物质封闭，以防止水分流失，但咬出的洞无法重新长好。草的叶片

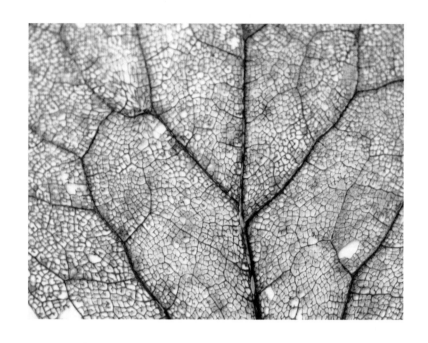

在"透明化叶片"中,柔软组织已腐烂,只留下错综复杂的叶脉网,形成了网状图案。叶脉从叶片的中脉开始分支,它们可在叶片的各个部分之间运输水和养料。

叶片大小的对比:王莲的巨大浮叶和浮萍的微小浮叶。

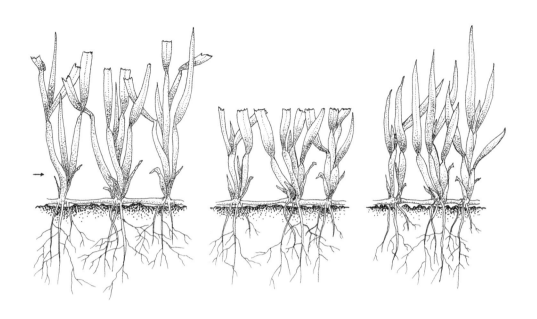

草叶从居间分生组织长出，居间分生组织位于叶片和平卧茎之间，大致在箭头指示的位置。

则是例外，每个种植过草坪的人都知道，草在修剪后是如何继续生长的。但很少有园艺工作者注意到，每片草叶的尖端一旦断裂，它不会从断裂处重新生长，而是从叶基附近长出新的草，从所谓的居间分生组织，即叶片与茎之间的细胞分裂处长出。居间分生组织的分裂能够让各类草在草原与各类食草动物（如鹿、羚羊、北美野牛以及后来的家养牛）共同生存。只要动物只是像割草机割草一样啃掉草叶的顶端，草叶就会继续无限地生长。

植物的内部结构

植物的生长是非常有组织的，回想一下，其生长并非杂乱无章，而是从分生组织开始有条不紊地进行。细胞在进行有丝分裂时，只有每一步都不出错才能成功分裂，而种子发芽过程中的一系列活动也是在井然有序地完成。在看起来无比平静的表面下，其实隐藏着植物的奥秘——它们的内部活动非常复杂，并不像人们想象中那样不费吹灰之力就能完成，这些活动在数百万年的进化过程中经受住了时间的考验，并得到了完善。

为更深入地了解植物的有序生长过程，让我们来看看根、茎和叶的解剖结构，以及由无数细胞组成的精确细胞群，这些细胞的大小、形状和个体特征都各不相同，包括细胞壁的厚度、细胞成熟时能否存活以及细胞是否有叶绿体等。每个细胞的特征都与其特定功能有关。

由许多细胞组成的细胞群称为组织，组织中的多个细胞可以比单个细胞更有效地执行特定的细胞活动。例如，植物体内大量水分的运输是由特定细胞群完成的，这些细胞组成了木质部（*xylem*）[1]，木质部只能向上运输水分。另一个组织是韧皮部（*phloem*）[2]，它可在叶片和根部之间双向运输养料。许多植物除了茎内有中心组织外，还有专门用于贮藏营养物质、进行光合作用或起支撑和保护作用的组织。

顶端分生组织中新分裂的细胞具有相同的形态，但很快就会发生变化，在组织中呈现出迥然不同的形态。细胞分化过程是如何进行的，我们目前尚未确切了解；组织是如何形成根、茎和叶独特的内部结构的，我们也仍未知晓，而这些只是植物生长发育过程中许多未解之谜的冰山一角。

实际上，植物的组织层次始于比植物细胞更小的层次，即看不见的原子层次。在构成所有物质的大约一百种原子（更常称为元素）中，只有约20种是构成植物的原子。从根本上说，碳、氧、氮和铁等元素基本上以原子形式存在，但通常按不同的比例结合成分子，例如，水分子由两个氢原子和一个氧原子组成，化学式为 H_2O。常见的食用糖是蔗糖分子的晶状体集合，每个蔗糖分子含12个碳原子、22个氢原子和11个氧原子（$C_{12}H_{22}O_{11}$），蛋白质则是由数百个碳、氢、氧、氮和硫原子组成的更大分子。值得注意的是，每种不同类型的分子都具有独特的分子组成和结构。

另一个最为复杂的组织工作也在生物体中不断地进行着，无数个不同类型的分子聚集在一起，形成了可见的细胞结构，包括前文提到的细胞器。细胞又聚集成组织，组织构成根、茎、叶、花等更大的结构，即器官，器官是整个生物体（植物）的组成部分。

在生物体每一个层次的组成部分以及不同层次之间，所有生命活动都必须保持协调运转。不过，一个完整生物体的生长最终还是由主导着原子之间相互作用的物理和化学定律控制。原子从空气、水以及大地中的尘埃中来，短暂结合，形

---

[1]　*xylem* 来源于希腊文，意为"木材"，读作"zí-lem"。

[2]　*phloem* 来源于希腊文 *phloe*，意为"树皮"，读作"fló-em"。

成了有生命、具备各种能力的植物和动物。但是，随着生命火花的消失，原子终究还是会回归到最原始的形式。

草质茎的解剖结构

　　草质茎柔韧的组织在初生生长过程中形成，分为六个明确界定的区域。茎的外层是单层细胞，称为表皮（*epidermis*）[1]。角质层是一层覆盖在表皮细胞外壁上的蜡质角质，可减少水分蒸发，保护茎部免受霉菌侵袭。茎可以保持光滑，呈绿色或因蜡质的存在而有白霜（*glaucous*）[2]，也可以因表面长出许多表皮毛而变得毛茸茸，即有短柔毛（*pubescent*）[3]。表皮毛可防止小昆虫伤害茎部，一些植物的表皮毛会渗出黏性液滴将昆虫黏住，使得防护效果更佳。

草质茎组织示意图

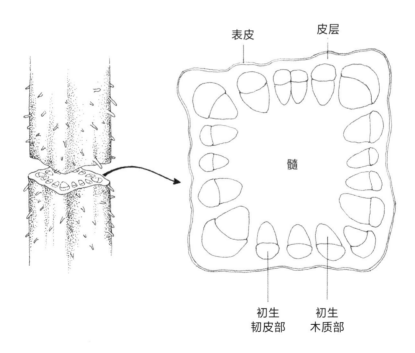

表皮　　皮层

髓

初生
韧皮部　　初生
木质部

---

① *epi-* 在希腊文中意为"在……上"，derma 意为"皮肤"。
② *glauco* 在希腊文中意为"蓝灰色"。
③ *pubescent* 来源于拉丁文，意为"短柔毛的"。

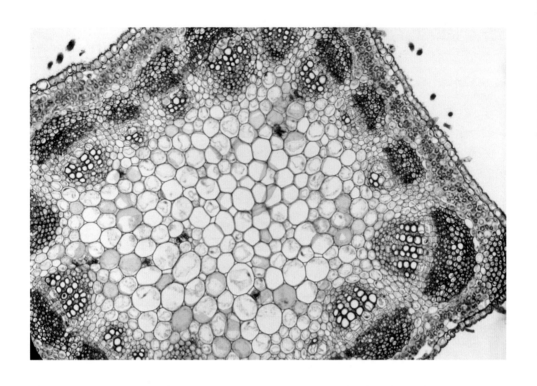

　　将茎的解剖图与茎的组织示意图进行比较，可以发现茎最明显的特征是中间有大面积的髓以及周围有维管束（紫色的两圈）。

　　皮层（*cortex*）[①] 位于表皮内侧，由几层细胞组成。草质茎因皮层细胞含叶绿体而呈绿色。茎的中心有大面积的髓，髓的细胞与皮层的细胞相似，因此，二者看起来界线不分明，像是一体。

　　幼茎最明显的特征是具有维管组织（vascular tissue），髓和皮层与维管组织相嵌。*vascular* 一词来源于拉丁文 *vasculum*，*vasculum* 意为"小导管"，指的是水、矿物质和有机物分子通过植物的管状细胞运输。每个维管束的内半部分由木质部中运输水分的大细胞组成，外半部分则由韧皮部中运输营养物质的小细胞组成。木质部与韧皮部形成了运输液体的导管，连接根、茎和叶，对植物至关重要。

　　每个维管束中都有一排位于木质部和韧皮部之间的细胞，这是茎中最难分辨的组织，也是划分维管束之间皮层和髓的标志。这个组织就是维管形成层

---

① 　*cortex* 来源于拉丁文，意为"壳"。

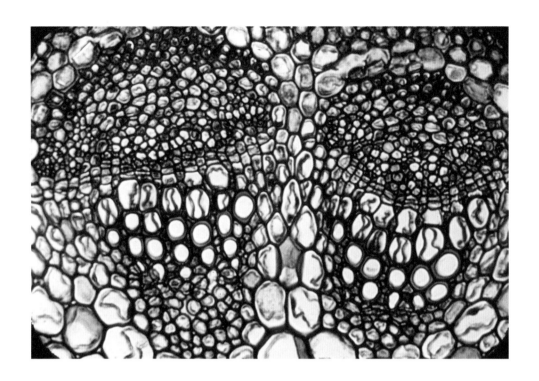

两个维管束的特写。每个维管束上半部分的韧皮部都由运输营养物质的细胞组成，这些细胞紧密排列；下半部分的木质部则由一排排运输水分的大细胞组成。木质部和韧皮部之间的一排扁平细胞是维管形成层。

（*vascular cambium*），是一种细胞横向（侧向）分裂的分生组织，可使茎在次生生长过程中增粗。在许多多年生植物生长早期，维管形成层的活动使茎从草质结构变为木质结构。如果植物的茎在整个生命周期中都是草质结构，那么它们不是缺乏维管形成层，就是维管形成层始终不活跃。

草质茎的所有组织都是在初生生长过程中由顶端分生组织形成的，因此称为初生组织。维管束中运输营养物质的组织称为初生韧皮部，运输水分的组织称为初生木质部，以区别于维管束随后形成的组织，即次生韧皮部和次生木质部。

所有被子植物的初生组织在茎内的形态几乎都一模一样。请注意，上图展示的只是茎的横切图。实际上，在茎的三维结构中，表皮、皮层和维管束以髓的中心为圆心形成同心圆。维管束形成肋状结构，使草质茎伸长，同时也起到结构支撑的作用，就像现代建筑混凝土支柱中的钢筋。但茎也因柔软的髓和皮层而非常柔韧，可在微风中摇曳而不会折断。木质部和韧皮部排列成小束，使维管束可通

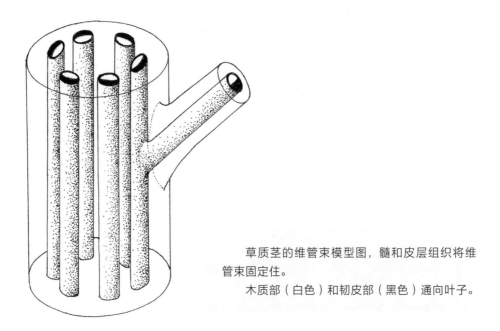

草质茎的维管束模型图，髓和皮层组织将维管束固定住。

木质部（白色）和韧皮部（黑色）通向叶子。

向叶子，在腋芽长出时，还可通向茎系的侧枝。

茎的增粗

为进行对比研究，我们将树干与旁边植物的草质茎进行比较。树在幼苗时也是一种草本植物，这一点我们很容易忽略，但是这种草本植物特征一直体现在树梢中，树梢新长出的部分呈绿色且质地柔软。那么，树干究竟是如何发生如此巨变的？答案就在两个侧生分生组织的活动中，这两个组织分别为上文提及的维管形成层以及在茎开始增粗后形成的木栓形成层。木栓形成层负责形成树皮的外层组织，即木栓。

维管形成层的细胞分裂时，会向三个方向进行，分别产生三种不同结果。向内分裂时，新细胞会形成厚实的木质化壁，细胞的原生质会死亡，因此，新细胞会成为次生木质部中运输水分的细胞，即我们常说的木材细胞。向外分裂时，会形成次生韧皮部。次生韧皮部中的许多细胞有薄壁、有活性，可运输营养物质，而另一些细胞则形成厚壁，为较脆弱的韧皮部提供结构支撑。维管形成层细胞分裂的第三个方向是侧向，细胞围绕着不断生长的木芯分裂，同时周长也会相应增加。

生长了两年的木质茎。次生木质部（浅粉色）围绕着中央的髓形成两个同心圆。

次生韧皮部（红色）在木质部周围形成带状，外层的木栓（红褐色）包围着茎。

幼嫩木质茎的内部特写。一排维管形成层细胞在木材（浅色区域）和树皮（深色区域）之间形成了分界线。树皮内层由纤维细胞（红色区域）组成，这些细胞与次生韧皮部中运输营养物质的细胞（浅色层）相间。表皮细胞从茎的表面脱落，几层木栓（红色）将其取代。木栓形成层就在木栓内侧区域（蓝色）。

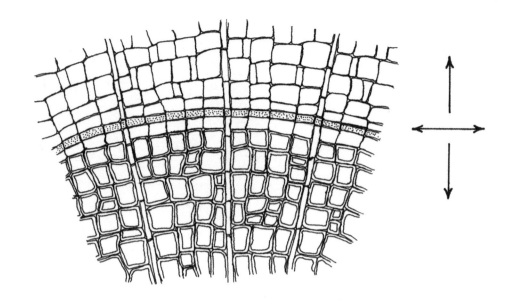

维管形成层细胞（阴影部分）可向三个方向分裂。一排排细长的维管射线细胞也由维管形成层分裂而来。

树皮外层：木栓

维管形成层在木材和树皮之间形成了分界线，树皮内层是次生韧皮部，外层是木栓。维管形成层向内分裂比向外分裂更为频繁，因此树干的木材（次生木质部）往往比树皮厚。在木质茎上，木栓取代了表皮，成为保护组织。木栓由木栓形成层向外分裂而成，厚度相当于几层细胞。在表皮从树的草质茎脱落时，木栓形成层就出现了。木质树干表面的木栓干燥、开裂、脱落后，树干内部的新组织就会将其取代，以保持树干的粗细均匀。许多木本植物的木栓颜色和花纹非常独特，引人注目，因此人们会把它们作为景观植物种植在园林里。

栓皮栎树原产于地中海西部，其木栓厚实柔软，酒瓶和其他一些瓶子所使用的软木塞就是从栓皮栎的木栓上切割下来的。木栓具有多孔性，树皮内部的活性组织得以与外界交换氧气和二氧化碳等气体，因此该特征对树木的生理机能至关重要。多孔性的特质使木栓成为一种独特的材料，可以让瓶装酒在熟化过程中通

每个树种都有独具一格的树皮花纹和颜色。美国梧桐的光滑木栓（左图）脱落后，形成了有趣的花纹，与松树深深裂开的木栓（右图）形成对比。

树干的横截面清晰地展示了木材和深色树皮之间的分界线，维管形成层位于木材（次生木质部）和树皮内层（次生韧皮部）之间。几层木栓在树干表面形成了粗糙的保护层，木材中浅色的线条是维管射线。

过木栓的大量小孔进行"呼吸"。此外，木栓细胞中含有木栓质（*suberin*）[1]，木栓质具有天然的防水性质，可防止瓶内的水分蒸发。

木质茎的分枝

在维管形成层和木栓形成层活动的同时，树梢的顶端分生组织也在为树木的整体生长发挥作用。树枝在生长时，增粗方式与树干相同。木质部围绕树枝的基部生长，因此基部会深深埋藏进树干中，木材上的节疤实际上是这些树枝基部的切面。树干和树枝中均有木质部、韧皮部、维管形成层、木栓形成层和木栓，并且这些组织在二者之间相互连接。

园艺工作者要想嫁接成功，就要让上述组织保持紧密结合，这一点至关重要。嫁接是指将植物的一根树枝与另一棵有根植物永久结合，树枝称为接穗（*scion*）[2]，有根的植物称为砧木（*stock*）[3]。但也有一些不同的嫁接方法，接穗可能不过是一个腋芽，而砧木只是少量树皮和木材细胞，如玫瑰的嫁接。砧木和接穗的维管组织相互对齐，无机盐、有机物和水就能在维管组织融合期间自由交换。嫁接只能在亲缘关系密切的植物物种之间进行。

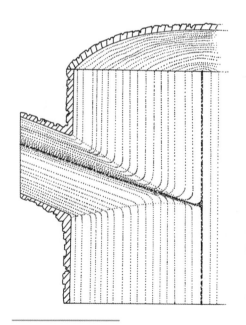

在树干和树枝之间，树皮、维管形成层和年轮相互连接。树枝的基部深深埋藏进树干中。我们看到的木材上的节疤实际上是树枝基部的切面。

---

[1] *suber* 在拉丁文中意为"木栓"。
[2] *scion* 来源于古英语，意为"分枝"。
[3] *stock* 来源于古英语，意为"树桩"。

树枝由腋芽发育而来，随着树枝不断增粗，树皮组织也日渐成熟。

木材的其他特征

将树木砍倒后，我们可以在树桩上清楚地看到次生生长产生的结果。树皮和木材之间的明显分界线是维管形成层所在位置，厚实的木芯是次生木质部。最新形成的木材称为边材，距离维管形成层最近，它可将水分输导至树干。边材的颜色通常比树干内部的心材颜色要浅，心材的细胞含有大量化学物质和细胞碎片。树木即便是在仅有边材的情况下也能存活，这就是森林火灾将大树心材烧毁后，大树仍能继续生长的原因。

除了植物生长发育必不可少的物质外，活细胞中的代谢活动还会产生一些废物。当这些废物沉积在心材中时，心材就会变色。因此，一些树种的心材色彩丰富，通常用来制作精美家具，深受人们喜爱。这些废物同时也是化学毒素，可保护用心材制成的篱笆柱免受真菌侵袭。

废物通过一排排称为维管射线的狭长细胞从树皮内层进入心材，这些细胞在下面的图中很容易辨别。维管形成层的细胞分裂时，次生维管组织的细胞数量会增加，同时维管射线的细胞数量也会增加，随之维管射线逐渐变长。如果干燥处理不当，木材就会在斜纹处出现射线状裂缝，这个裂缝是沿着结构脆弱的维管射线形成的。

将树皮从维管形成层的位置剥离树干后，我们可以看到深色心材和新形成的浅色边材形成鲜明对比。

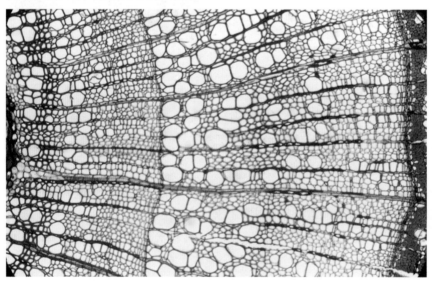

维管射线是一排排狭长的细胞，横穿次生木质部（木材），将树皮中细胞产生的废物运输到心材的内部组织。图中的木材有两个年轮，在每个年轮中，春材的木质部细胞较大，夏材的木质部细胞较小，二者混合在一起。

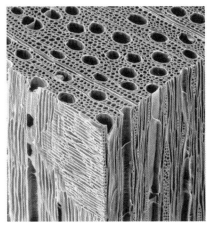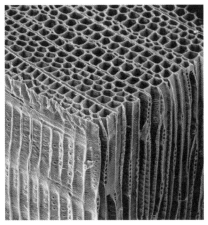

木材的扫描电子显微镜图像显示了木材横切面和纵切面的细胞。左图是被子植物枫树的次生木质部细胞（称为导管），与右图裸子植物花旗松紧密排列的细胞（称为管胞）形成对比。（照片由纽约州锡拉丘兹市纽约州立大学环境科学与林业学院N.C. 布朗超微结构研究中心提供）

生长记录：年轮

同心年轮的纹样是许多树种木材最奇妙的特征之一，之所以称为年轮是因为每个同心圆代表着树木生长了一年。在原木切割成木材和其他木质林产品时，从不同方向切割，年轮就会形成不同纹样，赋予了木材独特的美感。用于制作胶合板的薄木片可以最好地展示出年轮的蜿蜒纹样。

年轮的形成非常有规律，因此我们仅通过年轮的数量就能准确计算出树木的年龄。在秋冬季节，树木进入休眠状态，维管形成层暂停活动，因此年轮只在春夏两季生长。每个年轮都由两部分组成，一部分是几层称为春材（或早材）的木质部细胞，这些细胞较大；另一部分是称为夏材（或晚材）的细胞，这些细胞较小。春天为了满足新叶片快速生长的需求，早材的大细胞会输送更多水分，这些水分是冬季降雨和冰雪消融后大量存储于土壤中的。到了夏秋旱季，土壤中的水分逐渐减少，限制了细胞的生长，因此晚材中的细胞较小，反过来讲，晚材的小细胞也反映出土壤水分的减少。

每圈年轮的宽度都不同，取决于不同的年度气候条件，尤其是年平均降雨量。偏窄的年轮表示干旱缺水的年份，较宽的年轮表示雨量充沛的年份。狐尾松

（*Pinus aristata*）、红杉和巨杉的年轮记载着数千年前的天气情况，这些神奇的记录永久地封存在树干中，气象学家利用这些记录来研究降雨周期。在考古遗址发现的木头上的年轮纹样与活树上的年轮纹样相吻合，这为揭开早期文明神秘消失的面纱提供了线索。有棵现在依然活着的狐尾松树龄已有 4800 多年，它的"出生时间"比摩西带领以色列人出埃及的时间[①] 还早 1000 年，在哥伦布抵达美洲（1492 年）时，它早就已经是"老树"了，这简直令人难以置信。

热带地区的树木与温带地区的不同，热带地区没有寒冬，树木不会休眠，因此维管形成层常年处于活跃状态，无法形成年轮。没有年轮，植物学家便无从得知它们的确切年龄。不过，各种研究表明丛林中的许多树木（均为被子植物）均有几百年的树龄。当然，它们的寿命与巨型裸子植物没有可比性。

根据已有记录，最高的树是加利福尼亚州海岸的北美红杉（*Sequoia sempervirens*），高达 115.55 米，与之媲美的是另一棵裸子植物俄勒冈州的花旗松（*Pseudotsuga menziesii*），高达 99.4 米。在被子植物中，塔斯马尼亚岛的澳大利亚王桉（*Eucalyptus regnans*）曾被记录为高达 99.6 米。

与大多数被子植物相比，裸子植物木材的细胞壁木质化程度更低。因此，裸子植物的木材（松树、雪松、红杉）称为软木，被子植物的木材（白蜡树、枫树、栎树）称为硬木。世界上最硬的木材是原产于加勒比地区的愈疮木（*Guaiacum officinale*），最重的木材是撒哈拉以南非洲地区的木樨科非洲木犀榄（*Oleacapensis*）。但奇怪的是，最软最轻的木材竟然是众所周知的被子植物轻木（*Ochroma pyramidale*），它生长在美洲热带地区，是制作飞机模型的理想材料。

单子叶植物的茎

根据种子中子叶的数量，被子植物可分为两大类群，即双子叶植物和单子叶植物。区分这两大类群的另一个特征是茎的解剖结构不同。在典型的单子叶植物中，整条茎内散布着数十个甚至数百个维管束，维管束周围是大群的薄壁细胞，而不是像双子叶植物茎内的维管束那样镶嵌在皮层和髓之间。单子叶植物无维管形成层和木栓形成层，因此无法进行次生生长，也就无法形成木材和树皮。棕榈

---

① 摩西带领以色列人出埃及的时间为公元前 14 世纪至前 13 世纪，引自 [美] 米耶斯：《〈出埃及记〉释义》，田海华译，上海：华东师范大学出版社，2009 年，第 9 页。

树等庞大的单子叶植物通过不断形成分散的维管束使树干增粗。棕榈树干的外层细胞经过挤压和干燥后，会形成一层硬壳，但它不具备其他树木的木栓特征。

（上图）玉米茎是典型的单子叶植物茎，有许多分散排列的维管束，这些维管束嵌入由较大的薄壁细胞组成的软组织中。

（下图）棕榈树干的组织结构与玉米茎相同，只是前者的组织大得多，横切面上的浅色斑点（纵切面上的线条）就是维管束。

（左页上图）棕榈树的树干没有坚硬的木材，因此在大风中非常柔韧。

（左页左下图和右下图）草和竹子的茎都有奇妙的结构。虽然草茎很纤细，但却能很好地支撑叶片，使其远离地面，草茎还能在微风的吹拂下随风荡漾，而不会折断。每条竹茎上的环状结构均为竹叶所着生的节，环状内部的节板支撑着中空的结构。

许多棕榈树修长的树干之所以能长到如此惊人的高度，是因为没有坚硬的木芯支撑。坚硬的木芯易碎，热带地区的飓风会把有木芯支撑的枝干刮得粉碎，所以无法形成木芯反而成了本土植物的优势。从图片中随风倾斜的棕榈树我们可以看出其超强的柔韧性。

其他单子叶植物（如常见的竹子和许多草类）的茎呈中空形态，因而更为柔韧，这些植物的茎部组织（包括维管束）由大量称为纤维的狭长厚壁细胞支撑。在它们管状茎内部的节处，空腔由节板（plate）填充，起加固作用，防止茎弯曲时发生屈曲。

小麦茎干的长度与直径之比可能是 500 : 1，巨竹是 100 : 1。相比之下，红杉树干的长度与直径之比只有 10 : 1。虽然具有相对较轻的空心茎的单子叶植物永远长不到裸子植物的高度，但它们不需要消耗大量营养物质和能量形成木材，就可以轻而易举地把叶片支撑起来，使其远离地面。有份报告中提到，竹子的茎长得非常快，一天内便可长高 47.6 英寸（1.21 米）。

根的初生组织

新形成的细胞在根尖附近分化为不同组织，用显微镜观察幼根的横切薄片，我们可以看到几个初生组织。外层的是表皮，根毛是表皮细胞的延伸，根毛扩大了根部的表面积，提高了根从土壤中吸收水和养分的速度。相较于皮层在草质茎中的比率，根部的皮层占比较大。根部皮层细胞排列松散，氧气和水分得以在细胞间流动。下页图中，我们可以看到植物贮藏在地下的营养物质以淀粉粒（紫色部分）的形式集中在皮层细胞中。

维管组织，即初生木质部和初生韧皮部，占据着根的中心部位。木质部形成了一个厚壁细胞组成的 X 形结构（下页图中红色部分），初生韧皮部的小细胞占据着木质部 X 形之间的区域。初生木质部和初生韧皮部之间有一排难以识别的维管形成层细胞，维管组织周围是一层称为内皮层的细胞，矿物质和水通过内皮

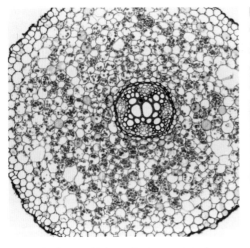

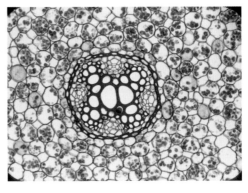

将这张根的内部结构图与根的初生组织示意图（第 59 页）进行比较，可以发现，皮层占据了根的大部分空间，维管组织只占中心的一小部分。

根的维管组织特写：初生木质部（染红的大细胞）和四个初生韧皮部细胞群。维管形成层位于木质部和韧皮部之间。染红的细胞环是内皮层，紧贴内皮层内侧的是一层中柱鞘细胞。皮层的大细胞中含有淀粉粒。

层进入木质部。

　　紧贴内皮层内侧的是一层中柱鞘细胞，侧根从中柱鞘长出。侧根生长时会奋力突破内皮层、皮层和表皮，竭力进入土壤中，这是不是让你感到很震惊？也许有人会问，为何根不是像茎那样从外部的芽分枝，而是从根内部开始分枝？因为比起在根的表面，中柱鞘位于母根深处能够得到更好的保护，此外，中柱鞘紧贴母根的维管组织，有利于维管组织向侧根延伸。分枝通常发生在根尖附近，如果根尖分生组织受损，中柱鞘就会迅速受到刺激，从受损处分化出几条侧根。这就解释了为什么植物移植时损坏的根尖不但很快就会重新长出根，而且数量还会比原来多。

　　根系和茎系在土壤表层相连，在根、茎交界处进行过渡。过渡过程中，根部中央的维管组织分化成在草质茎中所见的外围维管束；根的表皮和皮层一直延伸到茎；茎内发展出了髓，嵌在维管束之间。中柱鞘和内皮层只有根需要，因此在根过渡到茎时它们就消失了。

根的初生组织示意图

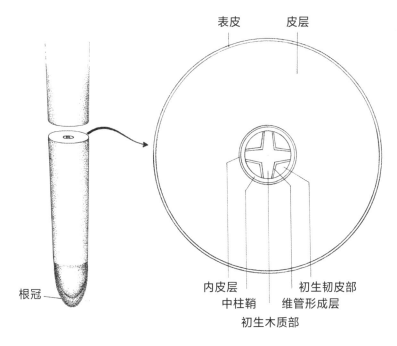

表皮　　皮层

内皮层　　初生韧皮部
中柱鞘　　维管形成层
初生木质部

根冠

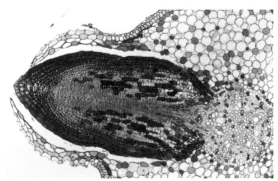

侧根从中柱鞘长出，突破了内皮层、皮层和表皮细胞，向土壤生长。

根的次生生长

对树龄较大的多年生植物来说，根部的增粗方式与枝干基本相同。维管形成层形成木材（次生木质部）和树皮内层（次生韧皮部），木栓形成层在树皮外层形成木栓。但根部增粗的程度永远不及粗壮的树干，此外，由于根的生长不规则、形状扭曲，其经济价值很低。

木栓细胞中含有蜡质木栓质，大大降低了根老化部分从土壤中吸水的能力。

大部分水分从靠近生长锥的幼嫩区域（尤其是根毛区）进入根部。后文将介绍根部如何从土壤中吸收水分以及如何将水分运输到茎和叶。

叶片的解剖结构

叶片的解剖结构就像一块三明治，上下两层是表皮层，中间是进行光合作用的含叶绿体细胞。中间层形象地称为叶肉（mesophyll）[1]，分为两部分。上部由紧密细长的栅栏组织细胞构成，紧靠上表皮下方，只要光一照到叶片，就会被捕获。下部由排列松散的海绵组织细胞构成，二氧化碳、氧气和水蒸气可以在细胞之间自由运动。海绵组织细胞层中的叶绿体可捕捉透过栅栏组织细胞的部分光。

将木质化的根平整地切开，可以看到薄树皮以及年轮的浅色轮廓。

叶脉贯穿在叶片中，与叶肉细胞之间最多只有几个细胞的距离。每条叶脉都含有少量木质部和韧皮部细胞，为叶肉提供水分，并将糖分等新生成的有机物输送到植物各个部位。

植物"费力"地将水分从土壤运输到树梢之后，必须控制水分从叶片中流失，否则就会因脱水而死亡。叶片上表皮和下表皮的角质层是防止植物脱水的屏障。许多植物的叶片表面都有角质层，光滑漂亮，人们经常把这样的植物当作盆栽。有些植物的叶片表面有密集的银灰色表皮毛，表皮毛有助于减少水分从叶片表面的小孔中蒸发流失，并对昆虫等掠食者起到威慑作用。表皮毛可反射掉照射到叶片上的部分阳光，防止植物受到伤害，相当于光滑角质层的作用。沙漠里或

---

[1] meso-在希腊文中意为"中间"，phyll 意为"叶"。

高山上的强烈阳光会破坏叶绿体的结构，对于生长在这两处的植物来说，角质层是一种重要的保护措施。

叶绿体只有获得光、水和大气中的二氧化碳，才能进行光合作用。二氧化碳通过叶片表面成千上万的细微孔（通常位于叶片的下表皮）进入叶内，这些孔称为气孔（stomata，stoma 在希腊文中意为"开口"）。灰尘通常积聚在叶片的上表面，而气孔位于下表皮，因此可避免灰尘阻塞气孔，同样，气孔只在下表皮开放，也可以降低有害的真菌孢子进入叶片的概率。

要想知道叶片表面微小气孔的数量，请看以下数据：每平方厘米苹果叶片的下表皮约有 39000 个气孔，豆类叶片约有 25000 个，橙子叶片约有 45000 个，南瓜叶片约有 27000 个。在直立的叶片（如鸢尾叶）上，叶片两面的气孔数量

叶片组织示意图

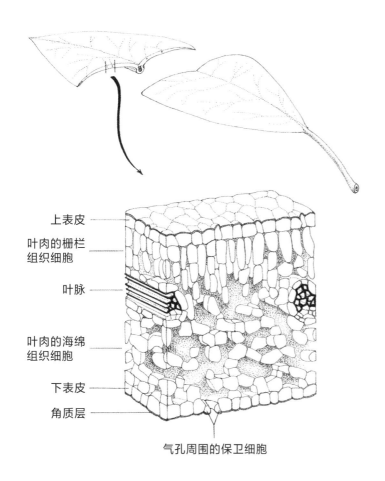

上表皮

叶肉的栅栏组织细胞

叶脉

叶肉的海绵组织细胞

下表皮

角质层

气孔周围的保卫细胞

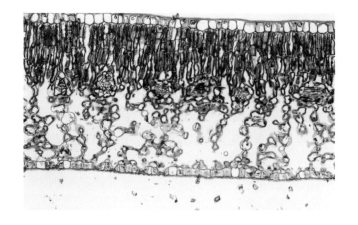

叶片的解剖图。对比解剖图和示意图，可以分辨叶片的各个组织。

（A）叶片的横切图，中间是中脉，两侧是叶片。中脉实质上是一条大叶脉，内含紧密排列的木质部和韧皮部细胞。

（B）大多数叶片都有光滑的角质层，但并非所有叶片都像图中显示的桃叶珊瑚属（*Aucuba*）植物叶这般有光泽。

（C）褐斑伽蓝（*Kalanchoe tomentosa*）叶有密集的表皮毛，呈灰色、质地柔软。

相等。每平方厘米玉米（*Zea mays*）叶片的上表皮约有 6000 个气孔，下表皮约有 10000 个。睡莲叶片的底面泡在水中，因此气孔位于上表皮，水定期溅到叶片上，将灰尘冲洗干净。

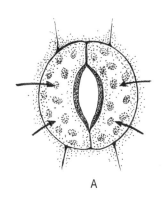 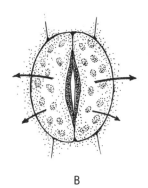

A   B

气孔开闭的调控。（A）保卫细胞吸水（箭头方向）时，气孔打开，此时每个保卫细胞的薄外壁比厚内壁延展的程度更大。（B）保卫细胞失水时，细胞松弛，气孔关闭。

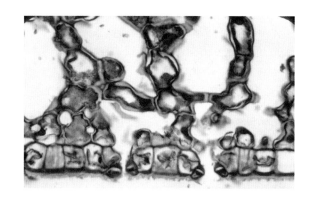

叶肉组织通过下表皮的气孔与外界进行气体交换。每个气孔周围均有一对较小的保卫细胞。

　　气孔开放以便气体进入叶片，但无意间气孔也会成为水蒸气逸出的通道，因此气孔会定期关闭，控制水分流失。大多数植物的气孔通常在夜间关闭，因为无法进行光合作用时，植物无须吸收二氧化碳。气孔也可能在炎热干燥、狂风吹袭或土壤干旱时关闭，在这些情况下，光合作用的速度可能会暂时减缓。因为植物通常贮藏有大量营养物质，暂时减缓光合作用不会影响其生存，但是水分流失的速度如果大于根系吸水的速度，植物不关闭气孔就可能会脱水死亡。

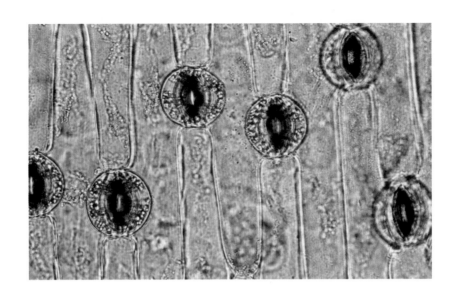

每个气孔周围均有一对月牙形的保卫细胞，其形状与叶片表皮细胞迥然不同。

　　每个气孔周围均有一对特殊的保卫细胞，它们控制着气孔开口的大小。保卫细胞的内壁紧贴气孔，厚于外壁。在松弛状态下，保卫细胞彼此平行，二者之间没有开口。保卫细胞吸水时，细胞的薄壁延展，细胞形状改变，二者向相反方向弯曲，气孔打开。反之，保卫细胞失水时，细胞的薄壁收缩，气孔关闭。

　　叶片的整体形态与解剖结构十分巧妙，有了这些形态和结构，叶片就可以将光合作用所需的各种原料结合在一起。大多数叶片都很薄，光能够透过叶片照射到叶肉底部。在厚实的肉质叶中，叶绿体位于靠近叶片表面的细胞内，肉质叶的中央是体积较大的储水细胞。储水细胞中的水和溶解于其中的矿物质流经植物的木质部，输送到根、茎、叶柄、中脉和叶脉。二氧化碳通过开放的气孔进入叶片，聚集在叶肉组织的细胞间，随后扩散到叶肉细胞内。最后，光、水和二氧化碳聚集在叶绿体内，进行光合作用。

植物的细胞类型

　　前几页中根、茎和叶的解剖图体现出了不同组织细胞之间的一些明显差异。细胞的大小、形状和细胞壁厚度都是细胞的显著特征，用不同的染色剂处理植物组织后，就可以观察到这些特征。用蓝绿色染料可以识别纤维素壁，其中的木质素会呈现出水红色。

仔细研究植物组织后，我们开始认识到几种基本的细胞类型，如体积较大的薄壁细胞，其细胞群称为薄壁组织（*parenchyma*）[1]，环绕在根和茎的初生维管组织周围。虽然髓和皮层中可能还有其他类型的细胞，但主要由薄壁细胞组成。叶片中叶肉的栅栏组织和海绵组织由不同类型的细胞组成，光线可以透过其细胞薄壁，进入叶绿体。

薄壁细胞分化为其他细胞类型的能力与动物干细胞的分化能力相当。在严格控制实验室条件的情况下，植物学家和园艺学家通过组织培养方法，成功从小块髓组织甚至只是薄壁细胞中培养出了完整的植株。在组织培养过程中只涉及有丝分裂，因此培养出的后代，即所谓的克隆，具有与母本植株相同的基因组合。克隆技术在经济物种繁殖方面潜力巨大，比如能够大批量复刻出性状优良、生长迅速、可形成木材的树种。克隆出的植株具有单一遗传性，与传统杂交育种方法培育出的植株不同，杂交植株具有混合基因，表现出遗传自双亲的性状。

古埃及人从纸莎草（*Cyperus papyrus*）的长叶柄上切下条状的髓部薄壁组织，将其压平后粘成了许多大薄片，"paper"（纸）一词正是由此而来。莎草纸非常耐用，5000年甚至6000年前用来记录文献的莎草纸如今在博物馆依然可以见到。《死海古卷》就是用莎草纸写成的。（《死海古卷》是公元前167年至公元233年间的珍贵手稿。）

在韧皮部中，运输营养物质的狭长细胞首尾相连，排成许多行列。细胞的端壁称为筛板，其上有孔，因此这些首尾相连的细胞称为筛管。活性细胞质的丝状物可穿过筛板在细胞间传递。筛管分子具有一个神奇的特点，即无细胞核，因而筛管分子的细胞质在运输营养物质时不受调控。筛管分子中活性细胞质的功能由相邻伴胞内的细胞核负责维持。植物细胞结构复杂、有许多特性，筛管分子无细胞核只是特性之一。

运输水分的细胞在成熟过程中，细胞壁木质化，成熟后就会死亡，原生质解体，留下厚实的木质化壁，成为管状细胞。大多数被子植物都含有直径较大的管状细胞，这是它们独有的一个特征。这些管状细胞无端壁，排成行列，形成连续的管道，即导管，水分通过导管输送到植物的所有部位。导管的木质化厚侧壁上有许多纹孔，水分经由纹孔在导管之间进出。如果任何一条导管发生堵塞，纹孔会将水流引入相邻的细胞中，保持木质部水流通畅。裸子植物运输水分的管胞与

---

[1]　*para* 在希腊文中意为"在……旁边"，*enchyma* 意为"注入""涌入"。

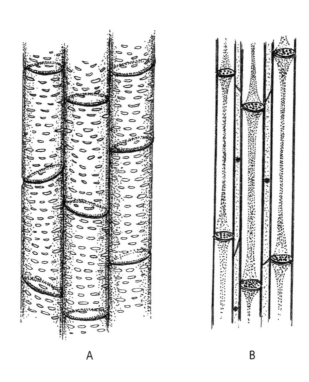

运输水和养料的细胞。（A）木质部中的导管列，侧壁上有许多纹孔，无端壁和原生质。（B）韧皮部中的筛管（大细胞群）和伴胞（小细胞群）。筛管的端壁称为筛板，活性细胞质通过筛板将细胞相连。伴胞含有控制自身和筛管分子活动的细胞核。

导管相比又窄又长，但是，运输水分的效果与导管不相上下。石松类植物、蕨类植物和部分被子植物也有管胞。

根系可由周围的土壤提供支撑，而茎系必须依赖细胞支撑。如何使树枝或大叶片既能保持伸展状态，又能具有足够的韧性以便随风摇曳？一些植物形成纤维细胞后，这一棘手的问题便迎刃而解。纤维细胞形状细长，有木质化厚壁，纤维组织坚韧、柔软、轻巧。纤维对植物结构至关重要，对我们来说，具有重大经济价值。例如，亚麻茎的纤维质地柔软，可纺线织成亚麻布；大麻茎、新西兰麻叶和龙舌兰叶的纤维质地粗糙，可用于制绳或者织成粗麻布。许多植物的纤维都可用于编篮、制垫、制刷和造纸。

棉花纤维的组成成分与形成方式略有不同，其细胞壁仅由纤维素组成，每根纤维则由棉籽的表皮细胞延伸而成。棉花纤维可用于造纸、制绳和制衣等。顺便提一下，从棉花和木材中提取的纤维素还可用于制成某些合成纤维，最常见的是

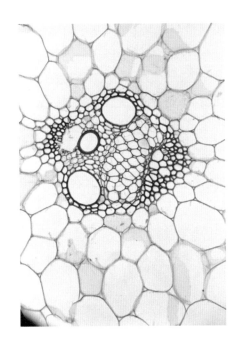

从这张玉米茎的维管束放大图中，我们可以识别出五种细胞类型。中间的三个大细胞是木质部的导管，其中的红色染色表明细胞壁中含有木质素。韧皮部由筛管和体积较小的伴胞组成，韧皮部细胞呈网状排列。木质化纤维细胞环绕着维管束，纤维细胞周围是体积较大的薄壁细胞，薄壁细胞的纤维素壁通常很薄。

新西兰麻（*Phormium tenax*）叶子末端的磨损处露出了大量纤维，这些纤维可用于制绳。用显微镜观察左图的新西兰麻的叶子，可以看到肋状的厚壁纤维细胞（染成红色）与进行光合作用的薄壁组织交替出现。

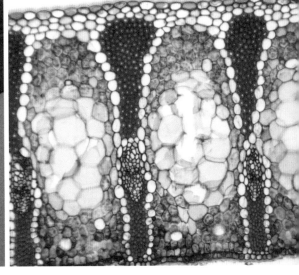

植物有哪些结构，它们是怎样生长的?

人造纤维。其他合成纤维（尼龙、腈纶和涤纶）则是在化学实验室里用石油产品制成的混合物。石油是在远古化石植物的地质变化过程中形成的，因此即便是合成纤维也是间接的植物产品。

植物最坚硬的部位由石细胞，或称硬化细胞组成。石细胞形状不规则、木质化壁极厚，可形成结实致密的组织，如核果（桃、杏、李、樱桃等）的果核。果核是内果皮，能为果核内的单颗种子提供更多保护。

植物对环境的适应

在动荡的地球上生存

地球是一个动荡不安、变幻莫测的星球，地核内的熔融物质通过巨大的裂缝涌向地表，蔓延到海底，引导整个大陆板块或部分板块移动、碰撞、分离或重组。而地幔的一些区域则沉入地核深处，在巨大的地质作用下熔化，这仿佛是一种补偿。巨大的构造板块相互碰撞，使山脉因受挤压而日益高耸，如喜马拉雅山脉和阿尔卑斯山脉；火山爆发导致火山灰和熔岩覆盖大地；海岸线随着大陆板块的浮沉而发生变化；冰盖会周期性地形成与消融，湖泊和河流随之变化。

神奇的是，经历了上述所有动荡后，动植物仍能以各种各样的形式存活下来，并繁衍后代，从而延续生命之初便建立起的遗传系谱。地球上最早出现生物的直系后裔如今仍以细菌和蓝绿藻（蓝藻）的形式存在，它们30亿年来几乎没有任何变化。真菌和包括海藻在内的其他藻类皆由更早的绿色植物进化而来，藓类及其亲缘植物苔类也不例外。维管植物，即具有维管组织的植物，据说在大约4亿年前由绿藻进化而来，其早期物种与如今的石松类植物和木贼属植物具有亲缘关系。蕨类植物和裸子植物在演化序列中紧随其后，直到大约1.5亿年前出现了被子植物，但其起源尚不明确。目前有超过25万种被子植物分布在地球各个角落，除了气候最恶劣的地区外，其他所有地区都至少有几种被子植物。

自然选择

在永无止境的四季更迭中，如果动物发现生存环境越来越难以忍受，它们就可以通过行走、飞行或游泳等方式迁徙到更适合生存的地方。有些动物会进行长途迁徙，寻找更好的食物来源或理想的繁殖场所。有些动物为了躲避季节性酷暑或严寒，躲到地下进行休眠。但根系植物无法移动，它们必须在不断变化的环境中，经受住各种考验才能生存下去。

植物终其一生都固定在一处，在这个变幻无常的地球上，依靠一系列令人惊叹的生存策略来应对各种变化。这些策略是长期进化的产物，通过自然选择获得，自然选择是一个缓慢的进化过程，只有最能适应环境变化的生物才能在此过程中存活下来，繁衍后代。进化论的奠基者查尔斯·达尔文（Charles Darwin，1809—1882）提出了"适者生存"的观点来描述自然选择的结果。

在自然选择过程中，植物进化出了各种生存策略，能够应对几乎所有可以想象到的生存威胁，存活下来，这些威胁包括寒冬、干旱期、天敌的掠食以及植物之间对养分和生长空间的竞争等。许多生存策略是在根、茎和叶的生长发育过程中进化出来的，具有特殊的用途。例如，一些植物的草质茎进化成了结实抗冻的地下鳞茎；仙人掌的茎进化成了可进行光合作用的器官，叶则进化成具有保护作用的刺；一些植物的根进化成了攀缘结构；一些植物的叶可收集并吸收水和养分，发挥着根的作用。而在所有生存策略中，最奇妙的是一些叶可捕捉并消化昆虫，为生长在贫瘠土壤中的植物补充营养物质。

其他生存策略则体现在分子水平上，在植物体内以天然杀虫剂的形式出现，天然杀虫剂是一种由植物合成的化学物质，可排斥掠食的动物和入侵的真菌。一些植物产生的化学物质仅仅是气味难闻或味道不佳，便可让掠食的动物望而却步；另一些植物产生的化学物质则有毒，可杀死那些胆敢食用它们的入侵生物。高等植物类群（尤其是被子植物）进化时，植物所能产生的化学物质变得更为多样化。被子植物具有复杂的生物化学结构和特性，因而具有非凡的能力，可以与各种各样的动物（包括近百万种昆虫）在不同生存环境中共存。这一切都是长期自然选择的结果。

物种迁移

虽然植物个体无法迁移，但随着时间的推移，物种的确会通过孢子和种子的广泛传播而迁移到新地点。这些孢子和种子萌发后，新植物就会在远离亲本植物的地方生长，这些新植物的部分后代又会在距离该物种起源中心更远处生根发芽。由此，物种的分布范围不断扩大，但如果出现了不利于生长和繁殖的气候因素或其他因素，并且物种难以适应这些因素，那么其扩张进程便会被迫中断。大多数孢子和种子在传播时，难以越过山脉和海洋等巨大障碍，这些障碍可能会暂时阻碍物种的传播。

数百万年来，地球上的植物群一直处于不断变化之中。在间冰期，北半球大部分地区冰盖消融，植物重新出现在裸露的土地上。有些高纬度地区植物的祖先来自赤道附近。冰河时期，赤道附近的一些植物幸存了下来，它们的部分后代是向北进行漫长缓慢迁移的先锋种群，其中一些慢慢适应了高纬度地区的气候生存下来。

物种内必然会出现遗传变异，这赋予了少数个体一些特征，有了这些特征，它们就能够在新环境中生存，而种群中的大部分个体无法在此类环境中活命。因而，遗传变异产生的少数个体与物种的大部分个体之间会出现地理隔离，最终形成新物种，在长期的遗传隔离导致物种发生形态变化时，会形成更多新物种。如果新物种的成员无法再与祖先种、亲缘种或其他任何物种的植物杂交，则标志着新物种正式形成。

有利于物种形成的地理隔离一般是在下面两种情况下产生的。一种情况是灾难性地质事件将植物类群分割成了小群；另一种情况是少数种子或孢子被迁徙的动物、高层风或洋流无意间带过了高山或大片水域。洋中群岛上的植物群独特多样，为第二种假设提供了强有力的例证。实际上，正是加拉帕戈斯群岛新动植物群的发现，才让查尔斯·达尔文获得了解开物种起源之谜的重要线索。

影响进化的其他因素

自进化论提出以来，科学家获得了更多论据来支撑这一观点，即随着时间的推移，动植物都会发生巨变。遗传变异与地理隔离和随后的物种形成相关，遗传学（研究遗传）和细胞学（研究细胞结构）在进化论提出之后发展起来，阐明了遗传变异是如何在细胞核内发生的。例如，有性生殖会产生杂种，即亲代性状随机重组后产生的后代。与亲代相比，后代通常具有混合的基因组合，因而更有活力（杂种优势），更能应对不利的环境条件。

突变是指基因的化学结构稳定重组时发生的根本性基因变化。通常认为，紫外线是导致突变的自然因素之一。许多突变是致命的，但有些突变似乎能提高动植物的生存能力，并可遗传给后代，它们对进化的进程产生了深远影响。通过自然选择产生的突变赋予物种更强的适应能力，对进化产生的影响更深远。

突变和自然杂交的结果是在染色体水平上随机发生的。二者的随机性表明了一个重要的事实，即进化不是定向的过程，不会朝着预定的目标发展。所有生命皆由进化而来，进化过程之复杂不断引发科学家们的思考。

花园里的人工选择

选择室内外种植的植物时，园艺工作者往往会出于各种考虑。之所以选择观赏性植物，主要是因为其具有美感，即某些花、叶、树皮的花纹或植物的整体形态引人注目；之所以选择地被植物和遮阴植物，是因为其长势迅猛；之所以选择水果和蔬菜作物，是因为其具有营养价值，易于栽培，符合园艺工作者的喜好。园艺工作者还会种植一些新奇的植物，这些植物很容易引起人们的关注，成为谈论的焦点。不过，很多时候，购买哪种植物仅仅取决于成本。这些选择植物的理由只是基于园艺工作者的个人喜好和预算，与自然选择无关，自然选择是决定野生植物群构成的基本法则。

花园是根据人类的意愿建成的，从这种意义上说，花园是人造的环境，但并不因为它是人造物就平淡无奇。花园是人类最杰出的成就之一，无论大小，都是各种外来植物齐聚一堂的独特群落，这些植物由世界各地的物种进化而来。在自然条件下，这种由地域划分的混合群落永远不会存在。

虽然花园的大部分布局都在园艺工作者的掌控之中，但有个重要因素表明，大自然才是决定植物命运的主宰者。这个因素就是物种固有的适应性，物种不仅要适应特定地理区域，还要适应所种植花园中特定位置的环境条件。例如，在加拿大的户外种植热带植物，就像在佛罗里达州筹建高山植物园一样徒劳无用。能否在丹麦种植沙漠植物？可以，但只能在温室里种植。能否在温暖明媚的庭院里种植喜阴的蕨类植物？绝对不行。换言之，园艺工作者只能选择那些原生地与花园或温室环境有相似之处的物种。

经验丰富的园艺工作者会本能地了解植物与环境的关系，参考书则提供了有关大多数园艺植物最佳生长条件的信息。世界各地分为不同气候带，有些参考书的作者按气候带介绍常见的栽培品种，便于读者获取信息。这些气候带的划分由纬度、海拔高度、降雨模式、已知的极端温度以及发生霜冻的可能性等因素决定。

每个物种只有在特定环境下才能呈现出最佳生长状态，其生存环境在祖先的进化过程中早已明确，这无声地证明了遗传的持久性。无论经过多少代的繁殖和进化，植物与祖先的遗传联系都会存在，植物都会对特定温度范围和其他气候土壤条件作出反应，这是由基因决定的。园艺工作者应注意当地环境是否符合植物对环境的固有要求。

更神秘莫测的是，许多植物物种还会对赤道南北昼长的季节性变化作出反应，例如，一些物种会对春季短日和仲夏长日之间的变化作出反应。这种出乎意料的环境要求称为光周期现象，它使植物的繁殖周期与最适宜生长的季节协调一致，本书后文将对该现象进行详细介绍。园艺工作的不变法则是，应优先满足由大自然决定的光周期和其他环境要求，而后再考虑人类所关注的外观、大小或植物购买成本等次要问题。

人类对食用植物的选择

据估计，地球上的众多植物中，只有约2000种曾在人类历史上被当作食物，其中有40种被列为当今的主要食物来源。在这40个物种中，仅有15种被认为是人类完全依赖的植物，这意味着如果发生灾难性环境危机（如全球大幅变暖），那么粮食生产就会受到影响。

奇怪的是，历史上人类经常种植和食用的物种在数量上不增反减。那些大规模种植的物种足以养活日益增长的人口，其营养价值最高，在选择中战胜了经济价值和食用价值较低的物种。人类偏爱某些食用植物是否对植物的进化过程影响显著仍有待证实。

人类对食物的选择不仅受到自主选择因素的影响，还受到进化过程中形成的限定因素的影响。味觉、嗅觉、视觉以及更微妙的触觉都影响着我们对食物的选择。它看起来是否让人有食欲？口感是酥脆还是柔软？是否易于咀嚼且不黏腻？它能否给味蕾带来愉悦感？除此之外，它能否满足你对甜、酸或辣的迫切渴望？有了这些限定因素，我们就会选择性地从饮食中剔除自己不喜欢的植物，因此只有少数植物成为食用植物，绝大多数植物都不在我们饮食范围之内。

一些植物会产生令人反感甚至有毒的化学物质来保护自己，即便这些物质贮藏在质地柔软诱人的叶、花和果实中，人类也不会考虑食用这些植物。纤维过多的植物同样不在人类的选择范围内。坚硬的植物纤维可能会给我们造成麻烦，但是有些食物的坚硬纤维（如马铃薯的纤维）通过一定时间的烹饪可以软化，同时食物中宝贵的维生素和其他营养成分不会过多流失。营养成分似乎是选择食物的基本考量因素，在意识到维生素和矿物质重要性的时代尤为如此，但这只是现代人看待食物的方式。人类最初选择橙子只是因为其可口，而不是因为它富含维生素 C。

　　更重要的是，消化酶限制了人类可食用的食物种类，消化酶是在人类进化过程中遗传下来的特定产物，是一种可分解碳水化合物（淀粉和糖）、脂肪以及蛋白质的酶。人类缺乏能消化细胞壁纤维素和木质素的酶，因此所食用的植物细胞壁纤维素除了变成残渣外，别无用途。如果人类和白蚁一样，那么世界上所有的森林都将任由人类享用。或者，如果人类和牛马等食草动物一样，那么人类肠道中的微生物就能将纤维素分解成可用的糖分子。

　　除极少数情况外，所有食用植物均为被子植物。非被子植物，如蘑菇、海藻，以及松子（裸子植物松树的种子）等，在我们的日常饮食中只起次要作用，而非主要作用。

　　纵观主要粮食作物，我们会惊奇地发现，位列榜首的是富含碳水化合物的植物，如小麦（用于制作面粉）、水稻、玉米等谷物类作物和马铃薯、甘薯、热带作物木薯（树薯）等根茎类作物。在全球糖料作物中，甘蔗的产量最高，此外，糖用甜菜也可用于制糖。其他几种排在前列的粮食作物是豆类，如富含蛋白质的大豆、豌豆、菜豆、花生等。

　　葡萄（主要用于酿酒）、香蕉、橙子、甜瓜、苹果、梨、桃子、菠萝等水果，以及一些常见的蔬菜，如卷心菜、洋葱、大蒜、番茄、南瓜（后两者在植物学上属于水果）、胡萝卜等，均为人类饮食中的重要食物。走进货物齐全的超市，你就能对上述食物有更全面的了解。值得注意的是，这些食物的组织都有薄壁细胞，较为柔软。如今，通过现代农业方法，这些作物都较容易种植。

　　在此还应提及具有辅助烹饪作用的一些重要作物，即油料作物，如橄榄、棉籽、葵花籽、芝麻和棕榈果。椰子是热带国家重要的经济作物，尤其是椰子的白色果肉，可榨出大量椰子油。最后要介绍的是饮料植物，虽然它们不是人类生存所必需的，但仍位列主要粮食作物的前 40 名，分别为茶、可可和咖啡。

农业起源中心及其最早出现的部分作物

中国

杏（*Prunus*）

樱桃（*Prunus*）

黄瓜（*Cucumis*）

茄子（*Solanum*）

橙（*Citrus*）

桃（*Prunus*）

大黄（*Rheum*）

大豆（*Glycine*）

甘蔗（*Saccharum*）

茶（*Camellia*）

印度、马来西亚和印度尼西亚

香蕉（*Musa*）

椰子（*Cocos*）

姜（*Zingiber*）

杧果（*Mangifera*）

芥菜（*Brassica*）

橙（*Citrus*）

小萝卜（*Raphanus*）

水稻（*Oryza*）

柑橘（*Citrus*）

山药（*Dioscorea*）

中东和中亚

苹果（*Malus*）

哈密瓜（*Cucumis*）

胡萝卜（*Daucus*）

棉花（*Gossypium*）

无花果（*Ficus*）

大蒜（*Allium*）

葡萄（*Vitis*）

韭葱（*Allium*）

燕麦（*Avena*）

梨（*Pyrus*）

黑麦（*Secale*）

菠菜（*Spinacia*）

芜菁（*Brassica*）

胡桃（*Juglans*）

小麦（*Triticum*）

埃塞俄比亚

菜豆（*Phaseolus*）

咖啡（*Coffea*）

秋葵（*Hibiscus*）

豌豆（*Pisum*）

地中海区

芦笋（*Asparagus*）

芹菜（*Apium*）

生菜（*Lactuca*）

橄榄（*Olea*）

洋葱（*Allium*）

欧洲萝卜（*Pastinaca*）

芜菁（*Brassica*）

中美洲和南美洲

牛油果（*Persea*）

灯笼（*Capsicum*）

腰果（*Anacardium*）

玉米（*Zea*）

利马豆（*Phaseolus*）

木瓜（*Carica*）

花生（*Arachis*）

菠萝（*Ananas*）

马铃薯（*Solanum*）

南瓜（*Cucurbita*）

甘薯（*Ipomoea*）

番茄（*Solanum*）

一些园艺植物的原产地
（植物名称与俗名不同时给出属名）

中国

山茶属（*Camellia*）

翠菊（*Callistephus*）

菊属（*Chrysanthemum*）

铁线莲属（*Clematis*）

萱草（*Hemerocallis*）

连翘属（*Forsythia*）

栀子属（*Gardenia*）

蜀葵（*Althaea*）

绣球属（*Hydrangea*）

牡丹（*Paeonia*）

日本

杜鹃属（*Rhododendron*）

荷包牡丹（*Dicentra*）

鸢尾属（*Iris*）

紫藤属（*Wisteria*）

澳大利亚

金合欢属（*Acacia*）

红千层（*Callistemon*）

蜡菊（*Helichrysum*）

非洲

非洲紫罗兰（*Saintpaulia*）

鹤望兰（*Strelitzia*）

马蹄莲（*Zantedeschia*）

小苍兰属（*Freesia*）

唐菖蒲属（*Gladiolus*）

凤仙花属（*Impatiens*）

半边莲属（*Lobelia*）

龙面花属（*Nemesia*）

天竺葵属（*Pelargonium*）

白丹花属（*Plumbago*）

地中海区

屈曲花（*Iberis*）

石竹（*Dianthus*）

葡萄风信子（*Muscari*）

风信子（*Hyacinthus*）

夹竹桃（*Nerium*）

金鱼草（*Antirrhinum*）

香雪球（*Alyssum*）

香豌豆（*Lathyrus*）

欧洲

风铃草（*Campanula*）

花格贝母（*Fritillaria*）

番红花属（*Crocus*）

勿忘我（*Myosotis*）

毛地黄（*Digitalis*）

铃兰（*Convallaria*）

三色堇（*Viola*）

报春花（*Primula*）

樱草花（*Primula*）

玫瑰（*Rosa*）

轮峰菊（*Scabiosa*）

雪滴花（*Galanthus*）

紫罗兰（*Matthiola*）

桂竹香（*Erysimum*）

美国和加拿大

金光菊（*Rudbeckia*）

花菱草（*Eschscholzia*）

克拉花属（*Clarkia*）

耧斗菜（*Aguilegia*）

金鸡菊属（*Coreopsis*）

羽扇豆（*Lupinus*）

钻叶紫菀（*Symphyotrichum*）

钓钟柳属（*Penstemon*）

天蓝绣球属（*Phlox*）

向日葵（*Helianthus*）

墨西哥

秋英属（*Cosmos*）

大丽花属（*Dahlia*）

鸡蛋花（*Plumeria*）

万寿菊（*Tagetes*）

一品红（*Euphorbia*）

百日菊属（*Zinnia*）

南美洲

舞春花属（*Calibrachoa*）

倒挂金钟属（*Fuchsia*）

大岩桐（*Sinningia*）

牵牛花（*Ipomoea*）

旱金莲（*Tropaeolum*）

矮牵牛属（*Petunia*）

马齿苋属（*Portulaca*）

蛾蝶花属（*Salpiglossis*）

马鞭草属（*Verbena*）

改造环境

数千年前，早期人类在非洲、亚洲、美洲、中东和地中海部分地区建立了农业中心，并种植精选的本土植物供当地居民食用和使用。中国或许是最早的农业中心。起初，人们只会种植具有食用价值的作物，但后来一段时期，具有观赏价值的物种也受到了人们的关注。由于人类的迁徙、贸易活动的发展以及近代快速交通工具的进步，我们如今可以食用到的农产品和观赏到的植物种类空前繁多。超市、苗圃、花店和花园是名副其实的植物"大熔炉"，汇集了来自世界各地的植物。

在农业和园艺实践过程中，我们要对田地或花园环境进行局部改造，使其更符合精选物种固有的环境要求，这十分关键。我们通过灌溉、耕作、施肥、防治虫害、清除竞争性杂草等方式来改造田地或花园环境。通过这些方法，昔日的一些沙漠以及其他荒凉之地变成了富饶的农业区，许多不毛之地变成了花园。

在温室内，我们可以对气候条件进行一定的控制，提高作物的生产能力，不过，生产能力还会受到空间的限制。植物在温室里可以受到保护，免受霜冻、雪盖、风害、烈日以及相对湿度低造成的脱水影响。在一些植物生长研究基地，几乎任何物种的最佳生长环境都可人为创造出，这体现了人类的聪明才智，但我们控制环境的能力仅限于此。在自然环境中，植物必须应对环境带来的各种挑战，其中最具破坏性的挑战最能考验植物的承受能力。

植物生长限制因素

植物对生存环境中彼此独立又相互影响的因素作出反应，其生长过程是这些反应的综合体现。植物生存环境中也许会水分充足、温度适宜，但可能会光线不足，比如高大植物或建筑物的遮挡，光线不足就会限制光合作用的进行。另一种情况是，植物生存环境中有充足的阳光、水分和肥料，但温度过高或过低，植物仍然无法发挥生长潜力。即使气候和土壤条件非常适宜，植物也可能因致病真菌或掠食性昆虫的侵袭而发育不良。实际上，微生物和动物都是不可忽视的环境因素。其他生物也是植物生存环境的组成部分，它们与温度、降雨、阳光一样，对植物的生长有利亦有弊。

显而易见，在众多相互影响的环境因素中，只要有一种使植物难以适应，就足以限制其生长。共同作用于植物的不利因素越多，限制的效果就越显著。这也就能够解释为什么在充满变数的大自然中，植物几乎不能长到预期的大小。值得庆幸的是，在花园里，人们可以改善限制植物生长的一些条件，从而培育出比野生植物更为茁壮繁茂的物种。

如果过多限制因素共同作用于植物，就会导致植物无法承受，无法再进行生存所需的生理活动，这时植物通常会死亡。植物也有可能只是过早进入了老化过程，这个过程主要涉及一种由基因调控的细胞和组织退化现象，即衰老（senescence，来源于拉丁文，意为"老化"）。一旦植物开始衰老，即便是对其进行最悉心的打理，也无法挽救。一年生植物在生长的一年内就会开始衰老，二年生植物则在第二年开始衰老。多年生植物会发生局部衰老，生长时间较长的器官先开始衰老、死亡、脱落，整株植物需要经过多年的衰老过程才会完全死亡。

适应极端环境

植物要在即将来临的季节做好休眠准备，因为在这些季节里，各种不利的环境势必会限制植物的生长甚至威胁生命。进入休眠期就意味着植物需要将生理活动减少到生存所需的最低量，同时，植物还可能会摒弃易受损的部位，如易受霜冻或干旱损坏的叶子。通过这些方法，二年生或多年生温带植物就做好了休眠准备，可应对冬季的低温、强风、阴天和大雪。一些生长在沙漠中的多年生植物同样可通过休眠抵御漫长干燥的炎炎夏日。

通常情况下，休眠植物的分生组织会受到良好保护，在环境条件改善时，植物会从分生组织开始重新生长。维管形成层和木栓形成层周围是木栓，木栓不仅隔热效果极佳，而且因其细胞富含木栓质，还可防止蒸发失水。茎尖和腋芽的顶端分生组织包裹于一层层芽鳞内，芽鳞是变态叶，可经受长时间寒冷或脱水的考验。

虽然许多一年生植物在季节性极端温度或干旱到来之前就死亡，但其物种会通过休眠的种子在最恶劣的气候条件下存活下来，种子是高等植物最坚韧的结构。对于低等植物（如苔藓植物）来说，孢子是它们存活的方式。这种适应策略称为回避策略，即植物体的一小部分结构进入休眠状态的策略。整个植物体则受基因和环境共同影响，在一年中最适宜生存的时期达到最佳生长状态。

回避策略带来的最大问题是，一年生植物如何在相对较短的生命周期内完成营养生长和繁殖？这在沙漠中尤为困难，原因是在于沙漠中一年生植物的生长期仅有两到四个月。如果沙漠地区年终雨水充沛，随后温度适宜、阳光充足，则有利于植物完成从种子萌发到结籽的生命周期。但如果夏季的高温提前到来，就会终止一年生植物的营养生长过程，在这种情况下，植物的营养生长水平极低，很难繁殖。萌发较晚的一年生植物寿命很短暂，或许仅够发育出四五片叶、一条短茎和一条直根，但这足以为几朵小花提供结构支撑，并为种子发育提供营养物质。这些寿命短暂的植物有着浅显易懂的名称，即短命植物，虽然个体小巧，却是沙漠植物群中精美绝伦的瑰宝。

在沙漠中，一年生植物生长所需的几种环境条件很少会同时出现。但一旦同时出现，常年荒凉的沙漠几乎在一夜之间就会变成五彩斑斓的花海，成为大自然中最令人惊叹的景象之一。反之，种子只能在土壤中等待，年复一年，也许要等待数十年，才有机会生根发芽、开花结实。

北极苔原地区和高山地带（通常位于林木线以上）的极端环境造成了当地物种植株矮小的结果。这些植物大多是多年生植物，其低矮紧凑的株型有利于自我保护，可抵御冬季积雪的重压和冰雪消融后强风的侵袭。低矮生长的另一个优势是，叶和花的位置靠近地面，即位于近地面空气中，在地面反射太阳的热量时，近地面空气会变暖。在比环境空气温度高几度的环境中，低矮植物会生长得更繁茂。此外，传粉昆虫在这些植物的花丛中飞舞时，不仅有丰富的食物，还有温暖的避风港。

（上图）一年一度的野花簇拥着枯萎的多年生灌木，它们将常年干涸的沙漠变成了色彩斑斓的春天。

（下图）小巧别致的雏菊状绵叶菊属（*Eriophyllum sp.*）植物是数百种沙漠短命植物之一。丰沛的冬雨将它们沉睡已久的种子唤醒。

（上图）林木线处的高山羽扇豆（*Lupinus* sp.）经夏日阳光的温暖照射，在积雪融化的湿润土壤中蓬勃生长。

（下图）虽然体积缩小了，但高山植物仍具有在低海拔地区常见的亲缘植物的特征。图中的柳叶菜（*Epilobium* sp.）正在享受短暂的生长时光。

在休眠期之间的短暂生长期内，高山苔原和北极苔原植物通过光合作用产生营养物质，贮藏在根部，以备来年暮春最后几场雪融化后恢复生长时利用。一年生植物每年的开花和结籽十分关键，而高山苔原和北极苔原植物则不然，因为它们可以在随后的适宜年份繁殖，这些年份的环境有利于完成繁殖过程。

高山和北极地区，虽然许多多年生植物在冬季几乎不进行光合作用，但它们也是常绿植物。这些植物由于生长期很短，没有足够的时间和营养物质储备，无法在每年春天都重新长出所有新叶。

叶细胞的原生质中含有高浓度糖，可起防冻作用，因此叶细胞在冬季不会冻结。溶解的糖以及细胞内的其他物质会降低水的冰点，这就如同在冬季出售的用于保护汽车冷却系统的特制化学溶液一般。在有些方面，植物的适应机制比人类的发明领先了几百万年。

在炎热干燥的沙漠中，多年生物种面临着各种各样的问题。有些植物在干旱时期会脱落叶片，减少气孔开放时水分的蒸腾损失。常绿植物的叶片往往较小，既能减少暴露在阳光下的受热面，又能减少气孔的数量。此外，叶片还会发生其他变化，如长出特厚的保水角质层和表皮毛层，减缓水分蒸发并反射掉照射到叶片表面的部分阳光。

任何生存环境中的植物都在顽强地适应不断变化的环境，但没有一种植物如沙漠和高山苔原地区的本土植物一般，能在不同季节的各种极端环境巨变中，经受住大量潜在破坏性因素的考验。或许正是因为这些坚韧的物种能在地球上最恶劣的气候条件下生存，才让它们成为花园里容易养活的植物，只需满足原生地的基本条件即可。温暖气候地区的沙漠多年生植物，如仙人掌和其他多肉植物，只需要充足的光照、较少的水分以及温暖的气候，就能存活。高山物种在雨量充沛、冬季寒冷、夏季漫长的温带地区都能生存。在高山植物协会与仙人掌和多肉植物爱好者组织主办的展览中，我们可以欣赏到高山和沙漠植物的特殊之美。

防御动物侵袭

在生态系统中，可进行光合作用的植物是主要的食物生产者，而动物是主要的食物消费者，因此植物必定会成为动物掠食的对象。显然，如果植物（尤其是叶和茎）富含营养，就会吸引掠食者，这对植物的生长有害无利。但也有个例，有些植物为了散播种子，会用果实吸引动物，动物帮助植物散播了种子，植物以果肉回报动物，二者互惠互利。任何伤害都会抑制植物的生长，并危及繁殖，这些后果显然会对物种的生存不利。因此，能有效防御动物掠食者的物种容易在自然选择中存活下来，反之，容易被掠食的物种会面临较大的灭绝风险。

棘是变态的短枝。我们可以看到，图中火棘的棘从腋芽长出，目前棘上还有几片叶。

任何不小心蹭到玫瑰丛、仙人掌或山楂树（*Crataegus* spp.）的人都知道，有些植物的自卫能力非常强。植物学家将这些物种的防御结构分为四类，每一类都是常见植物部位的变态。棘是由腋芽发育而来的变态短枝，末梢又尖又硬，如山楂树、黑刺李（*Prunus spinosa*）等物种都生有棘。

刺是变态的叶或叶的一部分，如叶片边缘的突起等。一些仙人掌的刺由坚硬的叶柄和中脉进化而来，变得尖锐无比，可起防御作用。没有了叶片，仙人掌通过茎进行光合作用。一些仙人掌外表皮多刺，这些刺像密集的表皮毛一样，可以吸收和反射部分强光。露水可在刺尖凝结，随后滴到土壤中，为植

仙人掌的叶进化成了具有防御作用的刺，其茎是进行光合作用的器官。

植物对环境的适应　83

物提供水分。冬青（*Ilex* spp.）等物种的叶片上，粗脉在叶片边缘形成边缘刺。其他刺则可能是由称为托叶的叶片附属部分进化来的，托叶在叶柄基部成对出现。棘和许多刺是变态的枝或叶，因此它们生长在茎的节上。

（A）冬青叶上的边缘刺是粗脉的延伸。

（B）玫瑰的皮刺是表皮的木质突起，在节间随机生长。

（C）三角梅的后弯棘既是防御结构，也是长枝的支撑结构。

确切地说，玫瑰茎的防御结构不是棘，而是皮刺，它们不规则地排列在节间。皮刺是短小的木质突起，从茎、叶和一些果实的表皮组织中长出。许多皮刺向后弯曲，刺尖朝下，可有效阻碍小动物从茎爬上叶。攀缘玫瑰、黑莓等植物的长茎长出皮刺时，后弯的皮刺会钩住支撑物，包括自身的其他枝条，起到辅助支撑作用。三角梅等植物的后弯棘也具有皮刺的辅助支撑作用。

具柔毛叶和短柔毛叶上有表皮毛①，许多小型食草动物（如毛毛虫）难以将其吞食，这无疑起到了防御作用。这些动物可以将含有坚硬组织的叶片和草质茎嚼碎，有些植物会通过伪装进行防御（见下一节"伪装"）。荨麻（Urtica）的茎和叶上长有特殊的表皮毛，以不同的方式进行防御，如果这些生有腺体的螫毛被触及，末端就会断裂，刺进皮肤，并注入一种化学物质，引起皮疹，令人疼痛。因此，人类和其他动物很快就意识到了要远离荨麻。

伪装

裸子植物和被子植物要想世代相传，就必须保证每年都有部分种子存活并发芽。但大多数种子个体较小，容易消化且富含营养物质，因此成了蚁类、鸟类、啮齿动物、人类等多种动物的理想食物。自然界中，种子从母本植株脱落后，可能会在土壤表面停留很长时间才能进入土壤。个体微小种子的优势在于，它们能够更容易落入土壤缝隙中，而且不易被敏锐的掠食者发现。个体较大的种子通常会有灰褐色的厚种皮，可能会通过坚硬的厚种皮进行自我保护，也可能仅仅依靠不显眼的灰褐色种皮伪装在土壤环境中。

许多动物都有隐蔽色，难以被发现，变色龙实际上会根据周围环境改变体色。但很少有植物通过伪装抵御天敌，这令人感到很意外。有几种具有隐蔽色的植物俗称"活石"，属于原产于非洲南部石漠化地区的生石花属（Lithops）、日中花属（Mesembryanthemum）和肉锥花属（Conophytum）。活石仅有一对肉质叶，且仅有叶片的顶部露出地面，灰色的叶片呈圆形，带有斑点，让人误以为是石头。光线透过每片叶片顶部的半透明组织深入叶绿体内部。植物学家认为，活石的伪装并非巧合而是为了生存，进化出了独特形态。多汁的活石很容易成为极度口渴动物的掠食对象，有了这种伪装形态，活石就能在特定环境中生存。

---

① 具柔毛（pilose）叶的毛较长，pilos 在拉丁文中意为"茸毛"；短柔毛（pubescent）叶的毛较短，pubesc 在拉丁文中意为"绒毛的"。

多肉植物园的一小块地里，五株"活石"伪装在鹅卵石中，其中两株还残留着干花。

共生伙伴：蚂蚁

人们通常认为植物通过防御动物来保护自己，但研究发现，植物中也有一些有趣的现象，如植物为蚂蚁提供安身之所，蚂蚁帮助植物防御敌人。通常情况下，植物不仅为蚂蚁提供庇护所，还提供食物。蚂蚁栖息在空心的茎、杯状的叶或大而空的棘里，如墨西哥牛角相思树（*Acacia sphaerocephala*）的棘。一些植物会从特化的腺体中分泌营养丰富的汁液供养蚂蚁。如果这些植物受到任何异常干扰，凶猛的蚂蚁就会从蚁穴中蜂拥而出，随时准备发动攻击，如此一来，其他昆虫便不敢入侵它们的地盘。在世界各地，已知有几百种植物具有这种保护机制。

两种不同生物之间的互利关系称为共生（*symbiosis*，*sym* 在希腊文中意为"共同"，*bios* 意为"生活"）。动植物之间的共生关系数不胜数，包括许多有花植物在传播花粉时对昆虫、鸟类和蝙蝠的重要依赖关系，但没有任何一种像植物与蚂蚁之间的共生关系这般异乎寻常。

地衣中存在的共生关系略有不同，地衣是真菌与藻类或蓝藻（蓝绿藻）共生的复合体。地衣分布极为广泛，从北极到沙漠均有分布。热带和温带森林中，它们在岩石上形成彩色壳状物或在树皮上形成叶状物。在这种共生体中，真菌像海绵一样吸收矿物质并保有水分，藻类或蓝藻（蓝绿藻）通过光合作用为自身和真菌提供营养物质。从地衣中提取的石蕊可用作 pH 值（酸碱度）指示剂。

伤口愈合

表皮和木栓是植物的表层组织，同时也是植物内部与外界环境之间的屏障。表皮角质由表皮细胞产生并覆盖在表皮细胞上，可防止叶和草质茎的水分流失，并阻止真菌孢子和菌丝体（即细胞组成的线状真菌体）进入植物体内。木栓细胞壁中的木栓质可抑制木质茎的水分流失，木栓中的另一种化学物质——鞣质，天然具有杀真菌和杀虫的作用。表皮或木栓受损都会导致不可控的水分流失，形成伤口，此时对植物有害的微生物通过伤口随时会进入植物内部。因此，与动物一样，植物也必须快速修复伤口，防止感染，这至关重要。

伤口在草质茎的组织上形成后，首先会被裸露在表面的细胞紧密覆盖，这些细胞会萎缩死亡，随后，类似于角质和木栓质的蜡质物质沉积在伤口表面，使伤口完全愈合。伤口如果出现在幼嫩的枝条上，木栓层会修复它。

木质枝干上的伤口首先由愈伤组织覆盖，愈伤组织是靠近伤口表面的细胞分裂形成的薄壁组织，随后木栓开始从伤口周围向内生长，逐渐覆盖伤口，将其修复。木栓会不断生长，乔木或灌木的修剪痕迹几年后就会被覆盖。要使伤口快速愈合，修剪木质树枝时，应尽量剪得靠近起支撑作用的树干，这十分关键，因为木栓很难在突出的残枝上生长。

园艺工作者在嫁接时，通常会在植物体上留下伤口。嫁接成功后，愈伤组织不断增生将砧木与接穗连接起来，随后一些愈伤细胞分化为维管形成层和木栓形成层，将砧木和接穗中相同的组织结合在一起，最后新形成的木栓、次生木质部和次生韧皮部共同修复嫁接留下的伤口。

无论是空气中还是植物表面，都有大量真菌孢子，受伤的植物很容易被感染。孢子会迅速在伤口新暴露的细胞中萌发，因此感染的植物必须隔离受感染的区域，以保护健康组织。真菌菌丝体在韧皮部适宜的环境中

将树枝砍下后，树木留下了伤口，如今木栓已几乎完全将伤口覆盖。

会迅速生长，并通过维管组织中富含营养且相互连通的筛管随时进入植物的各个部位。因此受损的韧皮部必须迅速作出反应，形成一种称为胼胝质的物质和一种特殊的蛋白质，堵住韧皮部的筛孔，封住伤口附近受损的筛管，同时受损韧皮部中的养料会转移到相邻的正常韧皮部中。在另一种隔离防御机制中，植物会摒弃受感染的叶，将病原体转移到土壤里，通过这种方式，植物不仅可以清除身上的病原体，还可以让病原体帮助分解土壤里的落叶。为了防止入侵的微生物扩散，在受感染的叶片脱落之前，植物就已经在即将暴露的叶痕上形成了含鞣质的木栓层。

对许多物种来说，渗出液是受伤组织和健康组织之间的有效屏障。例如，大多数针叶树受伤时，会从特化的树脂道中渗出芳香的黏性树脂。树脂可在针叶树的各个部位形成，不溶于水，遇空气变硬。树胶是一种可溶于水的黏稠液体，虽然与树脂化学成分不同，但也会在伤口表面干燥，形成硬表层。树胶常见于几种木本被子植物中，如产生阿拉伯胶的金合欢属（*Acacia*）等。

（左图）马来西亚的一棵橡胶树从树皮切口处滴下乳胶，乳胶收集在树上的杯子里。

（下图）白色的乳胶从大戟属植物茎的伤口渗出，迅速干燥，使受损的组织愈合。

乳胶（latex）[1]是一种白色或无色的渗出液，几种被子植物能产生乳胶，这些被子植物主要是桑科（*Moraceae*）和大戟科（*Euphorbiaceae*）植物，如一品红。乳胶含有橡胶颗粒等成分，橡胶颗粒可以快速修复小伤口。乳胶、树脂和部分树胶具有杀菌和抗食草动物的特性。

树脂、树胶和乳胶都具有十分重要的经济价值。树脂可用于生产松节油、松香、生漆、清漆和薰香；树胶可用作定型剂、食品增稠剂以及乳剂中的稳定剂，如树胶可使巧克力牛奶中的巧克力颗粒物处于悬浮状态。原产于南美的三叶橡胶树（*Hevea brasiliensis*）可产生大量乳胶，人们在橡胶树皮上切开小口，收集乳胶制成天然橡胶。19 世纪，一批橡胶树种子被运到了东南亚，经种植和推广，马来西亚和泰国成了世界上最大的橡胶生产国。1770 年，英国化学家约瑟夫·普里斯特利（Joseph Priestley）发现了一种非常适合擦去铅笔笔迹的物质，他称此种物质为 rubber（橡皮），"rubber" 一词由此而来，并沿用至今。口香糖由另一种称为糖胶树胶的乳胶制成，糖胶树胶从原产于中美洲的人心果（*Manilkara zapota*）树皮中提取出。

化学防御

从根本上说，进化发生在基因水平上。基因的变化引起生物体的生物化学结构和特性发生变化，后者的变化又反映在形态特征和生理反应的变化中。

植物的生化过程分为两部分，其中一部分包括维持生命活动的基础代谢过程，如光合作用，通过呼吸从营养物质中汲取能量的过程以及纤维素、淀粉、脂肪、蛋白质的合成过程。酶是由蛋白质构成的，是促进细胞迅速发生化学反应的催化剂。从这些基本过程中分支出的生化途径可合成无数种次生代谢物，如具有化学防御作用的次生代谢物。

基础代谢过程是在进化的早期阶段逐渐形成的，在所有可进行光合作用的植物中，基础代谢过程都基本相同。动植物有些方面的基础代谢过程也相同，这为"所有生物都由共同祖先的原始细胞进化而来"这一观点提供了证据。另外，次生代谢产生的化学物质（次生代谢物）是区分植物种、属、科、目、纲、门、界的生化标志物，其中有几种化学物质引起了我们关注。

一种名为鞣质的次生代谢物由不同的分子组成，可与蛋白质结合，使酶迅速

---

[1] latex 来源于拉丁文，意为"液体"。

失去活性，导致细胞死亡。许多高等植物物种，尤其是被子植物、裸子植物和蕨类植物都会产生鞣质，低等植物一般不产生鞣质。

鞣质存在于根、心材、树皮、叶、未成熟的果实中。鞣质稳定地贮藏在活细胞的特殊结构内，以此来防止鞣质干扰正常的新陈代谢活动，如果贮藏细胞受损，鞣质就会被释放出来。在木材、木栓等已坏死的组织中，鞣质存储在细胞壁内。鞣质结合蛋白质使酶失活的能力不仅可以有效威慑昆虫和其他食草动物，还可以抑制真菌和细菌生长。例如，与边材相比，心材能更好地抵抗入侵的昆虫和微生物，这直接归因于心材组织的鞣质含量是边材的 5～10 倍。

水果成熟过程中，鞣质分子会降解或氧化，并被越来越多的糖分所取代。人们很容易就能辨别出植物组织中是否含有鞣质，因为鞣质在口腔内会产生涩（干燥、起皱）感，生苹果和浓茶就是很好的例子。产生涩感是由于鞣质与唾液蛋白质发生缩合反应，削弱了唾液的润滑作用。但有趣的是，正是这种涩感才使茶、葡萄酒、可可等饮料别有一番风味。

鞣质一词最初是指在生兽皮加工成皮革的鞣制工段中添加的一种植物提取物，鞣制工段自文明诞生以来就已为人知晓。*Tan*（鞣料）一词来源于古英语，意为"栎树皮"。各种栎树、栗树、松树、云杉、刺槐的树皮如今仍是商用鞣质的重要来源。将兽皮浸泡在浓缩的鞣质溶液中，溶液就会渗透兽皮的蛋白质纤维，并附着在上面，这样，制成的皮革就具有与木栓相同的抗微生物能力。

生物碱是最为奇妙的次生代谢物之一。生物碱含氮，通常具有与碱相似的性质（由此得名），一旦生物碱进入动物体内，就会对动物产生诸多生理效应。生物碱味苦，这可能是生物碱能够帮助植物抵御天敌的部分原因，但在植物中的作用尚不明晰。不过，有些昆虫会经常食用含有生物碱的植物，抵御鸟类等体形庞大的天敌。生物碱贮藏在昆虫体内时，不会对昆虫造成伤害。

一些学者认为，生物碱不过是在生化反应过程中随机演化出来的产物，对产生生物碱的植物并无实际用途。生物碱在植物界的分布仅限于几种真菌和石松类植物，以及少数被子植物科，如石蒜科（孤挺花）、夹竹桃科（罗布麻）、小檗科（小檗）、豆科（豌豆）、罂粟科（罂粟）、毛茛科（毛茛属植物）、茄科（茄属植物）等。

从古老的民间医药到蓬勃发展的现代制药，含生物碱的植物物种在人类医学领域一直发挥着重要作用。生物碱提取物可用于止痛药、心脏兴奋剂、呼吸兴奋剂、肌肉松弛剂、血管收缩剂、抗疟药以及眼科检查时使用的散瞳剂。

一些生物碱具有轻微或强烈的成瘾性副作用，这些生物碱包括咖啡和茶中的咖啡因、烟草中的尼古丁、热带地区古柯植物叶中的可卡因以及罂粟中的吗啡。

海洛因是吗啡的合成衍生物，是一种比吗啡药效更强的麻醉剂。许多迷幻药都是生物碱，如从乌羽玉中提取的麦司卡林和从迷幻蘑菇中提取的裸盖菇素。迷幻剂麦角酸二乙基酰胺（LSD）由天然麦角酸经化学加工而成，麦角酸是从麦角中提取的生物碱，麦角由真菌在禾本科植物上异常生长形成。数百年来，美洲印第安的几个部落一直将含有生物碱的植物用于仪式活动。

药物滥用引发的社会问题使一些次生代谢物声名狼藉，但我们不应忽略这样一个事实：许多只有植物才能产生的神奇化学物质极大地增进了人类的福祉。20世纪后半叶，在美国销售的处方药中，有四分之一来源于植物。

植物产生的很多次生代谢物都对动物有毒，称为植物毒素（*phytotoxin*，*phyto*在希腊文中意为"植物"），生物碱是其中之一。许多被子植物物种都含有一种或多种植物毒素。有些植物毒素遍布整个植株，有些只存在于植物的特定器官内。大黄叶含有大量草酸，草酸会损伤肌肉和肾脏，让人昏迷，甚至死亡，但其叶柄却可放心食用，其中的原因无法解释。番茄植株的根和芽含剧毒性茄碱，但番茄果实和种子却无毒，这可能是为了在抵御食草动物的同时，不伤害散播种子的动物。

毒参（*Conium maculatum*）整个植株都含有毒芹碱。在毒芹碱致死的实例中，最著名的莫过于希腊哲学家苏格拉底之死，他得罪了雅典政府，根据当时惯例，被迫喝下毒芹酒。蓖麻毒蛋白是自然界最致命的物质之一，蓖麻（*Ricinus communis*）的整个果实都含有这种毒蛋白，尤其是诱人的蓖麻籽中。儿童只要进食1～3颗蓖麻籽，就会丧命，成年人进食2～8颗，也会丧命。在制作蓖麻油过程中，人们会去除蓖麻毒蛋白。

庆幸的是，许多植物毒素会引起动物呕吐，防止毒性扩散给动物造成更严重的伤害。一些植物物种会散发出特殊的气味，提醒动物"本植物有毒"。有人认为，有毒果实，如茄属植物（*Solanum* spp.）的果实，呈现出的紫黑色可以向鸟类和其他脊椎动物传递"请勿食用"的明确信号。

一些有毒的园艺植物

植物名称	有毒部位
孤挺花（*Hippeastrum puniceum*）	鳞茎
银莲花（*Anemone cathayensis*）	整个植株
欧洲野苹果（*Malus sylvestris*）	种子、叶

植物名称	有毒部位
山杏（*Prunus armeniaca*）	种子、叶
芦笋（*Asparagus officinalis*）	浆果
杜鹃花（*Rhododendron* spp.）	整个植株
毛茛属（*Ranunculus* spp.）	整个植株
花叶芋（*Caladium bicolor*）	整个植株，尤其是叶、块茎
巴豆（*Croton* spp.）	种子
铁海棠（*Euphorbia milii*）	整个植株
黄水仙（*Narcissus pseudonarcissus*）	鳞茎
曼陀罗（*Datura* spp.）	整个植株，尤其是种子、叶
茄（*Solanum melongena*）	叶、茎
毛地黄（*Digitalis* spp.）	整个植株
嘉兰（*Gloriosa* spp.）	整个植株，尤其是块茎
冬青（*Ilex* spp.）	浆果
风信子（*Hyacinthus orientalis*）	鳞茎
绣球（*Hydrangea* spp.）	整个植株
鸢尾（*Iris* spp.）	叶、根茎
常春藤（*Hedera helix*）	浆果、叶
马缨丹（*Lantana* spp.）	整个植株，尤其是浆果
翠雀（*Delphinium* spp.）	整个植株
铃兰（*Convallaria majalis*）	整个植株
半边莲（*Lobelia cardinalis*）	整个植株
羽扇豆（*Lupinus* spp.）	整个植株

植物名称	有毒部位
槲寄生（*Phoradendron* spp.）	整个植株，尤其是浆果
乌头（*Aconitum* ssp.）	整个植株，尤其是根、种子
牵牛花（*Ipomoea tricolor*）	种子
山月桂（*Kalmia latifolia*）	整个植株
水仙（*Narcissus* spp.）	鳞茎
夹竹桃（*Nerium oleander*）	整个植株，尤其是叶
桃（*Prunus persica*）	叶、种子
蔓绿绒（*Philodendron* spp.）	整个植株
一品红（*Euphorbia pulcherrima*）	叶、茎、乳白的汁液
马铃薯（*Solanum tuberosum*）	叶、茎、绿色块茎、芽
日本女贞（*Ligustrum japonicum*）	叶、浆果
波叶大黄（*Rheum rhabarbarum*）	叶片
香豌豆（*Lathyrus* spp.）	整个植株，尤其是种子
烟草（*Nicotiana* spp.）	整个植株
番茄（*Solanum lycopersicum*）	叶、茎
五叶地锦（*Parthenocissus quinquefolia*）	浆果
紫藤（*Wisteria* spp.）	豆荚、种子

改编自 E.M. 施穆茨（E.M.Schmutz）和 L.B. 汉密尔顿（L.B. Hamilton）于 1979 年出版的《有毒的植物》（*Plants that Poison*）一书，该书由美国亚利桑那州弗拉格斯塔夫的北方出版社（Northland Press）出版。

化学防御物质的作用原理

如果动物误食了有毒植物，大多数植物毒素就会抑制动物的消化过程，或者直接影响心脏、肝脏、肾脏或中枢神经系统的功能。而毒漆藤（*Toxicodendron radicans*）、毒栎（*T. diversilobum*）等对动物危害较小的物种，只是产生一些接触后会引起皮肤炎症的物质。

一些次生代谢物具有更微妙的作用原理，这些物质会影响动物掠食者的繁殖行为和生命周期。例如，有些次生代谢物的分子结构与动物激素的分子结构相似，这些代谢物被动物食用后，会改变雌性动物的繁殖周期，或导致雄性动物生长异常及不育。有些次生代谢物会破坏一些昆虫从幼虫到成虫的蜕变过程，中断其生命周期。随着时间的推移，这一切有可能会减少当地环境中食草动物的数量。

青霉素是一类由青霉菌属（*Penicillium*）中的某些种类通过复杂的生物合成和调节过程产生的抗生素。青霉菌是腐烂水果表面常见的一种蓝绿色霉菌，蓝纹奶酪中也有这种菌。青霉素和其他抗生素（无论是天然形成的还是人工合成的）都以以下某种方式破坏微生物：一是干扰细胞壁的形成；二是影响细胞膜的功能；三是破坏蛋白质以及细胞内其他必不可少物质的合成。虽然没有任何一种高等植物的次生代谢物能完全像抗生素一样发挥作用，但人们发现有几种次生代谢物具有特定的抗菌活性，其中一种称为植保素（*phytoalexin*）[1]的次生代谢物只会在植物遭到病原体入侵时合成，其他几种一直存在于整个植株内，随时准备转移到受损组织中。

其他防御方式

在常见的室内植物花叶万年青（*Dieffenbachia*）中，植物毒素的作用原理略有不同，花叶万年青的叶和茎具有特殊细胞，内含称为针晶体的草酸钙针晶。如果动物误食针晶体，针晶体就会穿透口腔和喉咙的黏膜组织，导致肿胀疼痛、呼吸困难和失语，这些症状可能会持续一周或更长时间。因此，花叶万年青俗称"哑杆"，这便可以理解了。

有些植物物种的次生代谢物会散发出难闻的刺激性气味，使眼睛产生刺痛感，或具有辛辣味道，令许多掠食动物望而却步。不过，这些气味和味道却能刺激许多人的味蕾。

除了合成有害物质，植物可能还会寻求其他化学防御方式，这些方式消耗的能量和营养物质更少。一些植物是直接从土壤中不断吸收积累对动物有毒的矿物质，如铜、铅、镉、锰、硒和硝酸盐。一些植物体内的木质素沉积在纤维组织和

---

[1] *alexi* 在希腊文中意为"抵抗"。

木质组织的细胞壁内，主要作用是支撑，同时也可以使植物器官质地粗糙，难以被消化。

植物保护叶和茎的最基本方法是，在叶和茎中只保留生长及时需要的营养物质。这样，营养较少的嫩枝至少暂时可以得到保护，因为动物会优先选择植物营养价值最高的部分食用。但要使这种保护策略奏效，植物就必须拥有特殊的地下结构，贮藏营养物质备用。后文将阐释根、茎、叶的这些以及其他适应性。

植物之间的竞争

在大自然的平衡中，环境在给予生物恩赐的同时，也带来了能将生物摧毁的环境因素，但幸运的是前者多于后者，因此，地球上的生命得以延续。植物以各种方式利用着大自然恩赐的阳光、水、土壤中的矿物质、外界的气体等宝贵资源。

作为回报，植物在改善自然环境的许多方面都发挥着重要作用。蔓延的根系可稳固土壤，防止侵蚀；叶片大量释放的水蒸气可降低空气温度并提高湿度；叶冠可提供荫凉处；树木可作防风林；腐烂的落叶堆可增加土壤肥力。对人类而言，植物不仅能提供物质上的回报，还能将原本满是岩石、土壤和高楼大厦的乏味世界变成更宜居的多彩之地，给人带来精神上的愉悦。

矛盾的是，大自然中充足的光照、水分和矿物质会给植物生长带来问题，在气候适宜的情况下，尤为如此。因为在优渥的环境中，很多植物都能生存，植物争夺可用的资源和生长空间的竞争就会更加激烈。

大多数花园里都有大量植物，但与在自然环境中不同，在花园里，园艺工作者可通过对植物进行精心修剪、疏枝和间苗来减少物种之间的竞争。种植喜阳植物时，应避免植物互相遮阴，种植喜阴植物时，应密集种植，创造所需的荫蔽环境。水和肥料应充足且均匀分配，以满足每株植物的需求。根系可能会侵占邻近植物的地下生长空间，如果对邻近植物造成明显伤害，应加以控制。

自然环境中，物种之间的竞争可能非常激烈，这似乎与看起来绿树成荫的寂静森林相矛盾。实际上，森林中密集生长的植物一直在争夺资源，在资源极其有限的情况下，竞争更为激烈，植物甚至会进行"殊死搏斗"。

有一种方法可以直接解决有限资源的争夺问题，即利用化学手段抑制同一物种或非亲缘种的生长发育，本书前文所述的化感作用就是实例。但只有在降雨量少的地区，抑制萌发的化学物质才能在植物周围含有该物质的土壤中积聚，这时，化感作用才会奏效。

在物种混杂的群落中，有些植物占据的空间相对较大，能从土壤中吸收的水和矿物质较多，可拦截的直射光最多，因此必然会占据优势地位。不过，当这种处于优势地位的植物受到环境中的毁灭性力量，尤其是大风的全面影响时，它们就要为这种优势付出代价。亚优势种虽以较少的群落资源生存，但却享受着优势种提供的保护。

虽然有些物种在群落中处于次优势地位，但它们会利用变态茎、叶和根来缓解竞争压力。这些器官经过了巧妙的进化，茎通常会向阳光充足的地方生长，叶可以通过特殊的方式吸收和贮藏水分，根可利用独特的矿物质来源。许多园艺物种通常都具有此类变态结构。

向阳而生

茎系像手臂和手指一样伸展开来，展开"绿叶斗篷"拦截光，光是光合作用的重要能量来源。许多树木都有发达的次生组织，因而具有强大的支撑力，可长成参天大树，叶片就不会被遮蔽。高大繁茂树木下生长的低矮灌木和草本植物一般长势不佳，除非它们是可以在弱光下进行光合作用的耐阴物种。众所周知，许多物种都具有耐阴性，如果暴露在直射阳光下可能会丧命。强光会破坏这些物种叶绿体的复杂精细结构，导致光合作用结束。

大多数喜阳物种如果在浓荫下生长，情况同样糟糕，幼苗长出的茎很纤细，没有足够的力量支撑自身及叶片的重量。直射阳光和透过遮阴叶片的阳光具有不同光质，许多喜阳物种的种子通过感知这些差异而作出应变，避免在叶冠下发芽。但是，这种生长机制限制了喜阳物种的生长地点与时间，它们只能在没有大型植物的地方，或者只能在周围落叶树脱落叶片时生长。为了最大限度接受最明亮的阳光，有些喜阳物种的茎会远离荫蔽处，在水平方向上不断生长，有些喜阳物种的茎会利用附近的坚固物体作支撑垂直生长。

蔓生茎

茎在地面蔓延或在地下生长时，无须消耗能量或养分来形成新陈代谢高的强化组织。因此，它们可将所有资源用于快速进行初生生长，使叶片获得更适宜的光照。

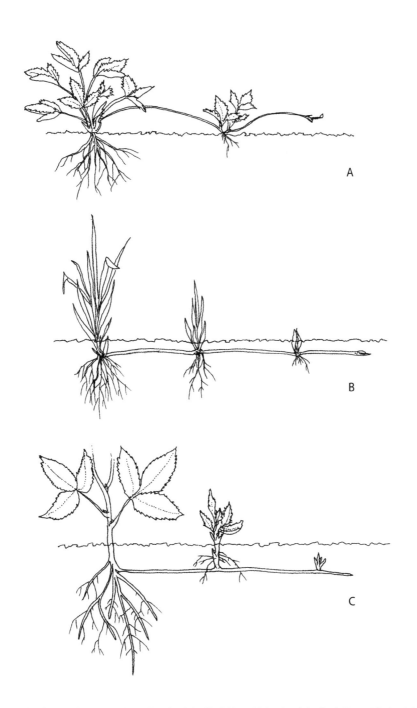

　（A）匍匐茎，或称纤匐枝；（B）根茎（地下茎）；（C）根蘖（从平卧根长出的直立芽）

生长在地上的平卧茎称为纤匍枝或匍匐茎（*stolon*）[1]，生长在地下的称为根茎（*rhizome*）[2]。根从匍匐茎和根茎的节上长出，节上的腋芽长成了直立芽，从茎两侧长出的根称为不定根（*adventitious root*）[3]。广义上说，任何生长在不寻常部位的根都可称为不定根，如生长在茎或叶插上的根。

匍匐茎通常从靠近植物顶端的部位长出，在自身重量的作用下弯曲，接触土壤，并在茎的末端长出小植株。这些小植株又逐步长出更多匍匐茎，以此类推，从而在地面上不断扩大生长范围。由此，通过营养繁殖这种自然方式，仅仅一棵蔓延的草莓植株就有可能长成一块草莓地。一些观赏性植物正是具有匍匐茎，才会成为地被植物的不二之选。

地下根茎的繁殖虽不易发觉，但在占据大面积土壤时丝毫不逊色。只要光照充足，有足够的生长空间，根茎类植物与多年生匍匐茎植物一样，能无休止地疯狂生长。清理过此类植物的园艺工作者就知道它们有多顽强，清理多年后，断茎的残余碎块仍会发芽。

另一种繁殖方式是长出根蘖，黑莓、树莓等植物就是用这种方式繁殖的。根蘖是从平卧根长出的直立芽，从不寻常的部位长出，因此属于不定芽。嫁接不同品种的玫瑰后，出现的常见问题是，嫁接结合部下方长出了根蘖。这种类型的根蘖必须去除，因为它没有什么用途，还会占用接穗的养分和水分。

攀缘结构

大多数物种都无法通过纤细的草质茎支撑叶片，无法让叶片远离地面，但攀缘藤本植物则不然，它们巧妙地借助特化的变态器官和适当的支撑物，完成了这一壮举。一些藤本植物的茎缠绕着直立物体（如灌木或树苗的小树干、篱笆柱、电线杆等）螺旋式生长，具有这种生长特点的茎称为缠绕茎。缠绕茎长得越高，就越紧紧地缠绕住支撑物。

一些物种形成特化的缠绕卷须，这些卷须可能是变态叶的一部分，也可能是由腋芽长成的变态短茎。卷须缠绕在触及的小物体上，如其他植物的茎或花园木桩、栅栏铁丝以及支撑性绳索上。一旦卷须缠绕到物体上，主茎就会略微长高，而后长出更多卷须。叶卷须由复叶中的小叶（如香豌豆）、托叶（如菝葜）或叶

---

[1]　*stolon* 来源于拉丁文，意为"嫩枝"。
[2]　*rhizoma* 在希腊文中意为"根"。
[3]　*adventicius* 在拉丁文中意为"从外部长出"。

（左图）豆科植物通过螺旋式的缠绕茎将叶带向高处，接触阳光。
（右图）香豌豆复叶末端的小叶进化成缠绕卷须。

（左图）五叶地锦（*Parthenocissus* spp.）通过特化枝条末端的吸盘攀附在墙上。
（右图）攀缘不定根从常春藤茎的侧面长出，可扎入支撑物表面的裂缝中。

柄（如铁线莲）进化而来。

有些物种的攀缘结构为末端带吸盘的短枝，有了这种短枝，五叶地锦（*Parthenocissus* spp.）可牢牢攀附在建筑物的墙壁上；还有些物种（如常春藤）的攀缘结构为攀缘茎，茎上长出的不定根可扎入树皮、木栅栏和砖石建筑的裂缝中，并在其中不断生长。随着时间的推移，有些攀缘茎逐渐木质化，用来支撑沉重的叶子，不过这时，它们已牢牢攀附在支撑物上，几乎无法分开。

藤本植物和附生植物

藤本植物的木质攀缘藤蔓有细长茎，在热带雨林中装点着参天大树。这些植物的种子从森林浓荫处长出，很快就会长到数百英尺（1 英尺约合 0.3 米）长，细长茎不断攀上树梢，悬挂在伸展的树枝上或缠绕在相邻的树木上，伸展叶片获取阳光。藤本植物的细长茎形成了空中走道，树栖动物可沿此行至远处。藤本植物还是电影《人猿泰山》（*Tarzans*）中不可或缺的出行工具。

附生植物（*epiphyte*）[1] 生长在从热带到温带的潮湿森林环境中，终生依附在树枝上。在高高的树枝上，附生植物的叶可获得最充足的光照。它们的根很少接触土壤，主要起缠绕作用而不是吸收作用。本书将详述附生植物用于吸收水分和养分的一些特化适应性结构（见后文"特殊吸水方法"一节）。许多附生植物都是从风吹来的种子或孢子或者动物带到树皮上的种子长出的。附生植物生存中最动荡不定的一点在于，它们必须与宿主共命运。如果宿主树倒下，附生植物通常也会死亡。

起支撑作用的根

热带雨林中，土壤松软湿润，林木密集繁茂，一些树木基部周围长出了根，让树木在不断往高处争夺光线时获得了显著的竞争优势。这种树根的地下部分较浅，向四周蔓延，但地上部分却是巨大的楔形板根，板根可能会从树干两侧距地面 3 ~ 5 米高的位置开始向下生长，并向树外延伸同等或更远的距离。板根是一些无花果（*Ficus*）树种的共同特征。还有一些热带树种形成了支柱根，或称支撑根，用于支撑自身，这些树种包括露兜树（*Pandanus* spp.）、红树植物［红树

----

[1] *epi* 在希腊文中意为"在……之上"，*phyton* 意为"植物"。

（左上图）从玉米茎基部长出的支柱根。

（左下图）支撑榕树树干的板根。

（右图）露兜树生长在热带地区松软湿润的土壤中，依靠发达的支柱根支撑自身。

属（*Rhizophora* spp.）和对叶榄李属（*Laguncularia* spp.）等］、孟加拉榕（*Ficus benghalensis*）等。支柱根从树干距地面一定距离处或从树枝上长出，而后向下长到地面。出于同样的支撑目的，玉米茎因叶和玉米棒而变得头重脚轻时，也会从茎基部周围的节上长出许多支柱根。

特殊吸水方法

大多数陆生植物都通过根部从土壤中吸收水分。在少数植物中，雾气在叶片表面凝结成水，并通过开放的气孔被叶片吸收。虽然大多数叶片能吸收的水分很少，但这些叶片有助于将雨水输送到根部，雨水可沿叶柄和茎输送到根部，也可直接从叶片流下，随后渗入土壤。许多热带雨林植物的叶片表面都能迅速干燥，以防真菌、地衣或苔藓在上面生长，这些光滑的叶片还能通过末端的滴水叶尖引导水流。原产于热带美洲的心叶喜林芋（*Philodendron scandens*）是一种热门盆栽植物，其叶片就是这种变态叶。

有些低等生物生长在无法吸收到土壤水分的地方，热带雨林的潮湿环境有助于它们生长。生长在高等植物叶片上的生物称为叶附生生物（*epiphyll*，*epi* 意

水分贮藏在凤梨科植物的杯状叶莲座丛中。

为"在……之上"，*phyll* 意为"叶"）。如果苔藓、地衣或真菌在叶片表面生长过于密集，就会影响叶片对光的吸收，进而影响光合作用。

　　凤梨科植物是非常奇妙的植物，该科植物主要分布在新大陆，包括许多附生植物，尤其是铁兰属（*Tillandsia*）植物。铁兰属植物附生在宿主树高处的树枝上，叶片收集的雨水是主要水分来源。有些凤梨科植物的杯状叶莲座丛形成了蓄水池，叶片表面的特化细胞可从中吸水。这些叶片蓄水池不仅是许多小型两栖动物的庇护所，还是蚊子幼虫的繁殖池。在凤梨科植物的叶片蓄水池中，动物粪便、腐烂的植物组织和灰尘混合在一起，为植物提供矿质营养。

除了绿色顶端，兰花气生根的其他部位都覆盖着一层白色海绵状根被，根部通过根被从外界吸收水汽。

　　还有一些凤梨科植物的叶片上长满表皮毛，雨水沿叶片流下时，表皮毛可将其拦截和吸收，其中最著名的物种当属西班牙苔藓（*Tillandsia usneoides*），西班牙苔藓因垂挂在宿主树枝上外观如苔藓而得名。一些热带附生兰物种生有气生根，可通过一种柔软的白色海绵状组织从外界吸收雨水和水蒸气，这种组织称为根被，覆盖在根部，因此根部外观呈银色。

储水适应性

　　为获取水分，干旱地区的多年生植物要么长出长的直根，以深入地下水源，要么像许多仙人掌一样，在土壤表层下向四周水平铺展须根。虽然浅根在酷热的夏季会变得干枯而毫无生气，但在雨水浸透土壤后数小时内，它们就会迅速恢复生长，并表现出正常的新陈代谢活动。许多沙漠植物都是通过根充分吸收沙漠中非常稀少且不可预测的降水并贮藏在叶或茎内来度过干旱期。

　　日中花属（*Mesembryanthemum*）、景天属（*Sedum*）、青锁龙属（*Crassula*）、石莲花属（*Echeveria*）等属的肉质叶和茎含有较大储水细胞，可满足植物数月的基本水分需求。有时肉茎植物（如仙人掌和类似仙人掌的大戟属植物等）贮藏的

（上图）圆桶掌的球形茎是储水和进行光合作用的器官，生有平行棱，每一条茎仅有部分面积暴露在直射阳光下。

仙人掌（*Opuntia*）的扁平茎（叶状枝，下图）和大戟属植物的管状茎（左图）贮藏了大量水分，供旱季使用。

猴面包树和巨人柱的巨型储水茎。

水分足以维持植物生长数年之久。多肉植物总体积的 95% 都用于储水。虽然大多数小型多肉植物在消耗 50% 的储水时就会死亡，但研究发现，有些仙人掌物种可在消耗 60%~70% 储水的情况下存活，其外表没有损伤且生理功能不会严重受损。

仙人掌的扁平叶状茎称为叶状枝，既是储水器官也是集光面。在产生分枝时，叶状枝的扁平面会朝不同方向生长。因此，一天中，只有部分叶状枝会同时暴露在直射阳光下。同样，其他仙人掌的桶形和圆柱形茎以及大戟属植物通常生有棱和突起，在太阳的位置发生变化时，这些棱和突起也有助于遮蔽植物的部分表面。有了这些结构，肉质茎就能像手风琴一样，在储水量最大时扩张，在储水量耗尽时收缩。

一些树种的树干巨大无比，具有特化的储水结构，可储存大量水分。东非的干旱热带稀树草原中，猴面包树（*Adansonia*）树干周长达 90 英尺（27.5 米）

时，可储存多达 25000 加仑（95000 升）的水。

巨人柱（*Carnegiea gigantea*）原产于横跨美国亚利桑那州和墨西哥的索诺拉沙漠，是北美最高的仙人掌，高达 45 英尺（13.8 米），树干直径达 25 英寸（65 厘米），可储存 2000 ~ 3000 升的水。巨人柱生长缓慢，每 30 ~ 50 年才能生长 1 米，寿命可达 150 年以上。大多数植物爱好者可能只有在参观植物园时才会见到巨人柱。

贮藏营养物质和水分的地下器官

比起生菜和芹菜等易腐烂的蔬菜，洋葱、马铃薯和生姜更适合长期储存，在储存过程中，营养价值和含水量都几乎不会发生变化。洋葱、马铃薯和生姜属于几种不同类型的地下变态茎，如果在自然条件下，它们仍留在土壤中，就会进入休眠状态，抵御干旱或低温。这些茎贮藏有适量水分和丰富的营养物质，环境适宜时，就可长成完整的植株。茎细胞内高浓度的营养物质分子具有防冻作用，可防止冻害。

郁金香鳞茎的组成部分

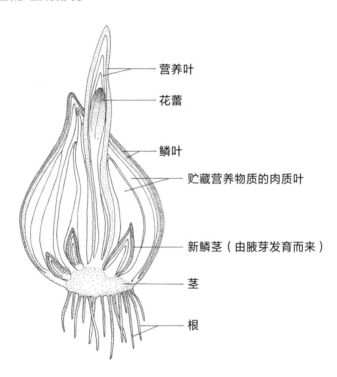

营养叶

花蕾

鳞叶

贮藏营养物质的肉质叶

新鳞茎（由腋芽发育而来）

茎

根

洋葱鳞茎由多层肉质叶组成，叶基叠生在短茎上。茎底部长出大量不定根。

洋葱是一种典型的鳞茎，由多层无色的肉质鳞叶组成，叶基叠生在盘状小茎上，将茎紧紧围裹。最外层的鳞叶较薄，呈棕色，可保护鳞茎免受土壤微生物和昆虫的侵袭，中间的顶芽含有未完全发育的营养叶，营养叶最终会从鳞茎中长出。在营养叶开始进行光合作用之前，肉质鳞叶中贮藏的营养物质可维持植株生长。

腋芽在鳞茎的鳞叶之间发育，增大后成为新鳞茎，蒜瓣就是这样形成的。在黄水仙等多年生鳞茎中，花由腋芽发育而成，因而顶芽可处于空闲状态，连续几年长出营养叶。相比之下，一年生郁金香鳞茎的顶芽会长成花茎，这会终止顶芽的生长，因此郁金香花每年都由新鳞茎形成。

不定根从鳞茎的扁平茎上长出。在一些物种的根尖牢牢扎进土壤时，根的上半部分会通过皮层细胞的缩短和增厚而收缩，这种根称为收缩根，可将鳞茎拉到土壤的适宜深度，保护鳞茎。

园艺工作者会将老鳞茎挖出，并将新鳞茎取下单独种植，以此繁殖鳞茎类植物。百合鳞茎的松散鳞叶可掰开，置于潮湿环境中，每片鳞叶的基部就能长出一个或多个小鳞茎。

虽然球茎的外观与鳞茎相似，但二者的结构却不尽相同。球茎是一种短而膨大的地下茎，周围带有前一年遗留的叶基，茎底部可长出常规根和收缩根，番红花和唐菖蒲就属于球茎类植物。剥去球茎的干叶基，看到的平行脊状物是节，由较宽的节间隔开。叶和花生长过程中，球茎贮藏的所有营养物质都会消耗殆尽。花形成后，老球茎上方会长出一个或多个新球茎，老球茎最终会枯萎。此外，茎基部周围还可能会长出几个小的球茎，或称子球，子球必须要完全生长才能开花。

另一种贮藏营养物质和水分的地下茎是膨大的肉质根茎，如生姜、竹子、马

唐菖蒲球茎的营养繁殖

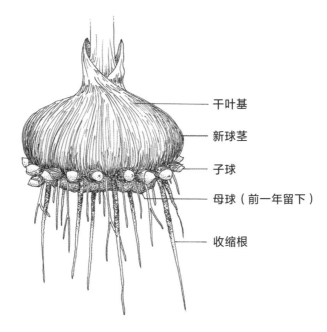

干叶基

新球茎

子球

母球（前一年留下）

收缩根

唐菖蒲的球茎是膨大的短茎，带有干叶基，球茎表面的脊状物是节。

蹄莲以及一些鸢尾的根茎。与所有茎一样，根茎也有节间和节，节上生叶和腋芽。根茎的部分腋芽会发育成花茎。根茎由节上长出的不定根固定，有几种根茎类植物也会长出收缩根。

"爱尔兰"白马铃薯是另一种变态茎，称为块茎，由根茎末端膨大而成，不属于肉质根茎。与根茎一样，块茎也具有常规茎的特征：腋芽（芽眼）位于节上，芽眼之间的区域是节间。块茎的腋芽发育成嫩枝时，下方会形成不定根和根茎，根茎最终会结出更多块茎，老块茎贮藏的营养物质在这个生长过程中消耗殆尽。大丽花、球根秋海棠和甘薯等物种则形成块根，或称块状根，块根长出不定芽，不定芽又长出不定根，随后膨大成块根。

鸢尾的肉质根茎是用于贮藏营养物质和水的变态茎，生有不定根。

（右图）大丽花的块根可贮藏大量营养物质。

（下图）马铃薯的块茎是变态肉质茎，生有称为芽眼的腋芽。

根茎、块茎和块根可切成段种植，人们广泛将其用于植物繁殖，不过必须确保每段茎上至少有一个腋芽（或块根的不定芽）。与所有营养繁殖方式一样，这种繁殖方式产生的后代是母本植株的克隆，因此二者具有相同特征。

腐生生物与寄生生物

潮湿土壤中到处是真菌和细菌，它们与植物不同，植物能进行光合作用，可以自己产生并贮藏营养物质，真菌和细菌只能从死亡、腐烂的有机物（动植物）中吸收营养物质分子，直接用于生长和繁殖。根据它们获取营养物质的方式，可把这类微生物归于腐生生物（*saprophyte*，*sapros* 在希腊文中意为"腐烂的"，*phyton* 意为"植物"）。腐生生物对有机物的分解至关重要，通过分解将有机物中的矿质养分重新释放回土壤中，增加了土壤肥力，肥沃土壤中的这些矿质养分通过高等植物的根系吸收，又回到植物身上得以循环利用。

有些真菌和细菌寻找食物时需要入侵其他生物体的活性组织，对被入侵的生物体造成伤害。它们属于寄生生物，该名称十分贴切，取自希腊文，意为"以他人的食物为食"，寄生生物肆虐地实施着这一"暴行"。寄生生物自身无法产生营养物质，只能从其他生物体中盗取，这些无奈的生物体称为寄主，该名称或许有些戏谑。许多寄生生物通过一种称为吸器的特化结构侵入寄主植物的组织，在真菌寄生生物中，吸器是菌丝体的突起。

寄生造成的影响轻则使寄主新陈代谢紊乱，重则导致过早死亡。细菌寄生可引起多种植物病害，包括冠瘿病、黄瓜枯萎病、梨火疫病、溃疡病、肉质贮藏器官软腐病等。真菌寄生引起的病害包括白粉病、霜霉病、锈病、黑穗病、桃缩叶病、苹果黑星病、马铃薯晚疫病、许多物种的幼苗腐烂病等。莴苣花叶病、番茄斑萎病、玉米矮花叶病等其他植物病害则是由病毒引起的，病毒侵入活细胞，进行繁殖时会表现出一种寄生行为。病毒没有细胞，因此与细菌不同，病毒不是生物。植物病害防治是令人头疼的事情，不过有经验的园艺工作者对这些病害已经非常了解，能够及时采取各种有效措施控制病原体。

植物病害有时会对人类历史进程产生深远影响。例如，18 世纪时，白马铃薯是爱尔兰人的主食。白马铃薯原产于南美洲秘鲁与玻利维亚境内的高原地区，于 16 世纪传入欧洲。爱尔兰曾具备马铃薯生长的理想条件，但到了 1845 年，阴凉多雨的夏季助长了马铃薯枯萎菌，即晚疫菌（*Phytophthora infestan*）的蔓延，导致 75% 的马铃薯作物被毁。在随后的几年里，晚疫菌持续摧毁马铃薯作物，

槲寄生是一种半寄生植物，图为槲寄生的革质叶和白色黏性浆果。

最终导致 300 万人活活饿死，这场饥荒史称"爱尔兰大饥荒"，导致爱尔兰人大规模移民美国和加拿大。

有几种被子植物进化出了根状吸器，过上了寄生生活。有些寄生植物称为半寄生植物（*hemiparasite*）[1]或水分寄生植物，它们入侵寄主主要是为了吸取水分和矿质营养。半寄生植物含有叶绿素，能够合成自身所需的大部分营养物质。槲寄生（*Phoradendron* spp.）就是这样一种植物，通常入侵许多阔叶树和部分针叶树。槲寄生的黏性浆果通过鸟类散播，随后黏附在寄主的树皮上，生根发芽，其吸器可深深扎进寄主的木材中，因此很难将槲寄生从寄主身上清除。独脚金（*Striga* spp.）也是一种半寄生植物，通常入侵玉米等许多禾本科植物和部分阔叶树种的根部，吸取寄主的大量水分和矿质营养，导致寄主死亡。如果寄主死亡，独脚金也会随之死亡，但到那时独脚金已经繁殖，种子早就传播到其他寄主身上。

全寄生植物不含叶绿素，完全依赖寄主的有机物、水分和矿物质供应，寄生在番茄、茄子、向日葵等作物根部的列当属（*Orobanche* spp.）就是其中一种。

---

[1]　*hemi* 在希腊文中意为"一半"。

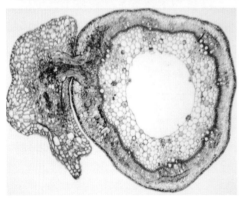

寄生菟丝子的橙黄茎像蜘蛛网一样，挂在无奈的寄主植物上。显微镜下的横截面图显示，寄生植物（左侧）将吸器（中间）扎进寄主茎部的维管组织（最右）中。

庞大而奇特的大王花。

寄生菟丝子（*Cuscuta* spp.）也是全寄生植物，它们的橙黄茎像相互交织的网一样缠绕在乔木、灌木，以及紫花苜蓿、三叶草、糖用甜菜、蔬菜等草本植物的身上。通常情况下，消灭寄生植物的唯一有效方法是将寄生植物与寄主一并铲除摧毁。

　　有趣的是，世界上最大的花是由一种寄生植物——大王花（*Rafflesia arnoldii*）开出的。大王花原产于马来群岛的热带雨林，寄生在寄主身上，不长叶，但会定期开出一种直径达 3 英尺（0.9 米）、重达 20 磅（9 千克）的花。大王花呈生肉色，散发出令人作呕的恶臭（大王花被称为"臭尸百合"），可吸引腐肉苍蝇来传播花粉。

菌根与根瘤

菌根（*mycorrhiza*）[①] 是指一些对植物有益的土壤真菌与多种高等植物的幼根形成的共生体，如玉米、豌豆、苹果、柑橘、白杨、栎树、杜鹃、桦树、松树和其他针叶树的菌根。真菌侵入根部组织，包被在根部表面，并延伸至根毛不可及的土壤中。真菌菌丝体汲取的养分（尤其是磷和氮）不仅供自身使用，也供寄主植物使用，作为回报，寄主植物为真菌提供光合作用产生的糖类等有机物。

（左图）菌根真菌的白色菌丝体包被在高等植物根部。（右图）由于无法通过光合作用产生营养物质，血晶兰（*Sarcodes sanguinea*）只能通过菌根从附近的树根中汲取养分。

鲜红美艳的血晶兰是北美西部松树林中的春季开花植物，是一种无法进行光合作用的被子植物，通过与菌根真菌的共生关系生存，菌根真菌可将附近树根中的养分转移给血晶兰。在三者的共生关系中，菌根真菌发挥着重要作用，不仅为自己提供养分，还为树和血晶兰输送养分。另一个具有同样复杂共生关系的物种

---

① *mykes* 在希腊文中意为"真菌"，*rhiza* 意为"根"。

豆科植物的疣状根瘤中含有固氮细菌菌落，二者形成了自然界中最重要的共生
关系之一。

是具有白色蜡质外观的水晶兰（*Monotropa* spp.）。

　　另一种双方互利的共生关系是土壤细菌根瘤菌（*Rhizobium*）与许多被子植
物尤其是豆科植物（Fabaceae，曾用名 Leguminosae）幼根的共生关系。所有生物
都需要源源不断的氮供应，细胞蛋白质合成时更是需要大量氮。空气中含有大量
以氮气（N_2）形式存在的氮元素，但很少有生物能将氮气直接转化为自身可用的
氮形式。根瘤菌和几种蓝绿藻（或称蓝藻）可通过固氮作用将氮气转化，供植物
利用。根瘤菌侵入高等植物的根部，使其膨大形成疣状根瘤群，在此根瘤菌从土
壤空气中吸收氮气，将其固定为重要的铵根离子（NH_4^+），将铵根离子传递给根
细胞。作为回报，寄主植物的根为根瘤菌提供碳水化合物。

　　根瘤菌的固氮作用使豌豆、菜豆、三叶草、大豆、紫花苜蓿等植物氮含量丰
富，这些植物是十分理想的覆盖物，能让贫瘠的土壤变得肥沃。此外，三叶草、
大豆和紫花苜蓿还是营养丰富的草料植物。从生态学的角度来看，固氮作用是氮
循环的关键一环，氮循环是全球性过程，在这个过程中，氮元素在大气、海洋、
土壤和生物体之间循环往复。只要氮循环持续进行，动植物就始终可对氮元素加

以利用。与氮的可循环利用不一样，磷、钾、镁、铁等不可循环的营养元素不能反复利用。陆地上的磷、钾、镁、铁等元素冲刷到海洋后，无法通过自然循环重回陆地，因此也就无法再为陆地植物所用。

食虫植物

植物界最神奇的进化是食虫植物（或称食肉植物）的特化叶片，这些叶片可捕获并消化微小动物。植物演化出的这种怪异行为再次凸显了氮对植物的重要性以及植物为获取氮元素采取的狡猾手段。除非能与固氮微生物建立共生关系，否

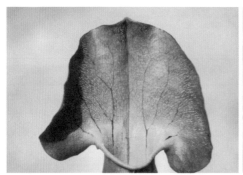

（左图）紫瓶子草（*Sarracenia purpurea*）的管状陷阱（变态叶柄）顶部生有扇形叶片，叶片上有大量下向毛，防止被捕获的昆虫逃脱。

（右图）捕蝇草（*Dionaea muscipula*）的叶片已进化成可怕的捕虫器，昆虫不慎掉入会突然被关进其中。

茅膏菜的叶片上有大量黏性腺毛，小昆虫会被黏住。

则大多数植物都无法在缺氮的土壤环境中生存。食虫植物赖以生存的湿地和沼泽就是氮元素含量少的地方。

与典型的被子植物一样，食虫植物也通过花和含有种子的果实繁殖。为了维持各项生命活动，食虫植物需要通过光合作用产生有机物，还需要从土壤中吸收氮和其他矿物质。由于湿地中氮不能满足生存需要，这些神奇植物就利用叶片陷阱捕食。昆虫（有时甚至是小鸟和两栖小动物）落入陷阱后会被叶片表面腺体分泌的酶或者陷阱中的细菌消化掉，这个过程有时由二者共同完成。

通过黏性诱捕器来诱捕是植物诱捕的一种方法，这种诱捕器的叶片上表面有大量黏性腺毛。捕虫堇（*Pinguicula* spp.）和茅膏菜（*Drosera* spp.）就是通过这种方法捕食的，茅膏菜诱捕到猎物后，叶片卷缩将猎物完全吞噬。诱捕器在猪笼草属、瓶子草属（*Sarracenia* spp.）和眼镜蛇草属（*Darlingtonia* spp.）植物中很常见，昆虫落入其管状叶后，因叶子表面湿滑或长有下向尖毛而无法逃脱。

捕蝇草通过迅速闭合叶片来捕食，这是主动式陷阱的最好例证，其叶片内表面伸出的触发毛一旦被触及，两瓣叶片就会迅速闭合。叶片在受到刺激闭合约十次后，就不会再有反应，闭合的叶片大约需要一天时间才能完全重新打开。虽然植物陷阱在捕获和消化体形较大的昆虫时会导致叶子死亡，但每个陷阱却可以捕获和消化小昆虫三次。

植物的生理机制

植物生理学

　　植物与动物一样，有特殊的方法维系整个生命周期的运转。例如，植物有不同的向性，根向地生长，茎向光生长；新长出的枝条会代替顶端分生组织受损的枝条；许多植物在特定季节开花确保完成生殖周期；落叶树每年秋天都会落叶以便度过即将来临的冬天；植物的卷须会缠绕在触及物上做支撑。

　　诸如此类现象是如何发生的，植物生理学家对此颇感兴趣。

　　我们从形态学、解剖学、细胞学中了解到植物的结构，植物生理学研究基于此，但不仅限于此。当解剖学家研究不同植物组织的分化时，生理学家则想知道这些变化是如何在分子水平上发生的。形态学家以及无数园艺工作者几个世纪以来一直在关注植物的形态，他们发现有些植物在数月或数年的时间里一直都只长叶子，有一天却突然间开花了。那么，究竟是何种不为人知的生化反应，引起了如此奇妙的变化？在高倍显微镜下，细胞学家观察到了细胞内部的复杂结构，即细胞器和细胞膜。每个细胞器中发生了什么？细胞膜如何有选择性地允许某些物质进入细胞而排斥其他物质的进入？植物生理学家致力于找到这些问题的答案。

　　解开植物生理机制许多谜题的关键在于了解植物细胞的化学反应，但这一关键点也是难点。植物的生化过程尤为复杂，每个细胞和组织中都同时进行着成千上万种化学反应。即便如此，一个单一的分子事件序列可能掌握着生理过程如何发生的线索。

科学方法

我们对植物生理机制的大多数了解都来源于科学家精心设计的实验。实验研究者，无论是生物学家、化学家还是物理学家，在遵循科学方法时，都会将常用的系统方法应用于研究中。研究一般始于如下两点，一是调查者对某一生物或物理现象的直接观察，二是科学家和业余人士在科学和其他出版物中的间接描述。在图书馆广泛查阅资料是实验成功的重要前提，例如，对捕蝇草感兴趣的植物生理学家可能会花数月的时间搜集文献，以便完全熟悉已有的相关信息和观点，对植物运动有了大概的了解。

科学方法的第二阶段是提出假说，即仅在初步观察现象是如何发生的基础之上作出临时猜想，随后再通过一系列精心策划的实验对其进行验证。为了确保实验的可信度，实验必须专注于特定的研究目标，并严格控制变量的数量，为了确定实验结果的准确性，实验必须反复进行。精心策划的实验设计、实验方法的准确性以及其他科学家重复这项实验的能力都对科学研究的质量至关重要。

实验包括在实验室测试植物对各种处理方法的反应，调查植物在原生环境中的情况，在显微镜下观察植物细胞和组织以及上述方法与其他方法的结合。我们会记录下每个实验的结果，并不时评估这些结果在研究中的贡献度。通过分析所积累的数据，可以开展其他实验并改进实验方法，也可以想出解决问题的不同方法。

最后收集到的大量有说服力的实验数据会在科学界公布，可能会得出与原始假说一致的结论，也可能得出相悖的结论。无论结果如何，收集到的数据只有在据实报告且调查者不带个人偏见的情况下才会对其他科学家有所帮助。在所有人类知识的领域中，科学领域是最需要彻底弄清真相的。

植物生理学的研究领域

植物生理学分为三个主要研究领域：一是生长和发育，这包括生长发育过程中的化学调节和环境调节；二是从环境中吸收和运输水、土壤养分、气体等原料的机制；三是以上物质在光合作用中的用途和光合作用产物输送到细胞进行代谢的途径。这些领域中的许多分支吸引了一大批对此感兴趣的科学家。

关于植物生理机制，未解决的问题远比已解决的多，这一不争的事实促使植物生理学成为当今植物学中发展最快、研究最深入的学科。从植物生理学的大量信息中，我们选取了对读者有实际意义的主题，这些主题将在下文分项阐述。有了对植物生理学基础知识的了解，再加上一点想象力，喜欢探索的园艺工作者不妨自己设计一些实验，这些实验很简单，只需简易的方法和设备就能在家里和花园里完成。对于勇于求索的人来说，对植物生理机制的探寻是不受限的。

植物激素

20世纪之交，植物生理学家和生物化学家共同致力于寻找植物生长发育过程背后的分子控制。曾经有段时间他们推测植物会产生类似于动物激素（*hormone*）[①] 的特殊物质，用于调节植物的生长发育。从广义上讲，激素可引起生化活动，产生可观察到的生理反应。

植物激素有时也称为植物生长调节剂，人们已证实其在化学结构、合成方式和功能上与动物激素有所不同。腺体是高等动物内分泌系统的一部分，是一种专门产生激素的器官，如胰腺产生胰岛素，甲状腺产生甲状腺素，然而植物激素由根、茎、叶、花等一般器官中的细胞合成。五种主要植物激素已得到广泛研究，随着对这一主题研究的不断深入，人们也在探索其他激素。

向光性

园艺工作者和植物学家在与植物打交道的过程中，观察到植物在不同光照条件下的不同生长模式。阳光充足的地方，茎短粗，叶子茂密；背光的地方，茎细长，叶子稀疏。完全无光环境中生长的幼苗与光照下培育的幼苗几乎完全不同。黑暗中生长的植物，茎瘦长无色，叶片苍白未完全发育，这种生理现象称为黄化现象。对大多数植物而言，光照射到茎的一侧时，它们会向光源处弯曲，让叶子重新排列以捕获光。

科学家最早发现的植物激素是一种刺激茎部向光生长的物质，植物向光生

[①] *hormone* 来源于希腊文，意为"刺激"。

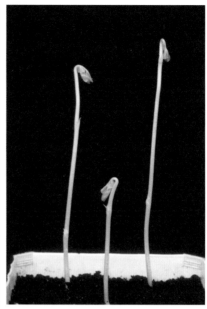

（左图）光照充足环境中生长的豌豆苗叶片发达，茎呈绿色。

（右图）完全黑暗环境中生长的同龄幼苗出现黄化现象。

长即为向光性生理过程。向性运动（tropisms）是植物对外部刺激作出的生长反应。如果光从正上方照向植物，茎内的细胞就会以同样的速度伸长，因而茎垂直生长。如果光从侧面照向植物，背光侧的细胞比向光侧的细胞生长速度更快，茎会因此改变生长方向。向光性是喜阳植物的常见反应，如果将这类植物放在室内的窗边时，茎就会发生弯曲，有些植物的叶柄也可能具有向光性。大多数喜阴植物的向光性反应极弱，甚至无向光性反应，这正是喜阴植物成为室内盆栽的重要原因。

热带雨林中常见的一些攀缘藤本植物具有特殊的生长反应。与常规的向光性相反，这些植物从落在地面的种子中长出，幼苗在不断生长过程中会避开明亮的光线向附近阴暗的树荫下弯曲。幼苗一旦接触到树干就会沿着树干向上生长，最终爬到高处展开叶片接触明亮的阳光。

控制向光性的激素称为生长素（auxin，来源于希腊文，意为"增长"）。植物产生的天然生长素的化学名称是吲哚-3-乙酸，缩写 IAA。一些合成物质（萘乙酸，缩写 NAA；2,4-二氯苯氧乙酸，缩写 2,4-D）已研制成功并用于商业领域，这些合成物质用在植物身上与天然生长素效果类似。

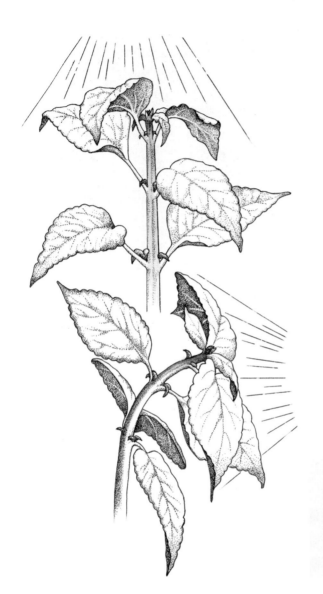

向光性。如果光从正上方照向植物，生长素（以颜色表示）就会在茎内均匀分布，茎垂直生长。如果光从茎的一侧照向植物，生长素就会向背光侧移动，背光侧的细胞生长速度快于向光侧的细胞。

　　生长素的主要功能是刺激细胞伸长，尤其是刺激茎尖和根尖附近的细胞。IAA 在茎的顶端分生组织细胞中产生，向下移动到根部，在这个过程中，浓度逐渐降低。茎内细胞伸长的程度与当时的生长素浓度成正比。光照射到茎的一侧时，生长素就会积聚在背光侧，使背光侧的细胞以最快的速度生长。室内植物被迫向窗户弯曲就是透过窗户的光线使茎内的生长素重新分配导致植物不均匀生长造成的。尽管向光性的基本原理看似简单，但向光性发生过程的细节至今我们仍不甚了解。植物生理学家不仅在研究 IAA 是如何从向光侧的细胞转移到背光侧的细胞中的，还在研究细胞生长的复杂生化过程，如细胞壁的膨大过程等。

促进茎节间生长的是另一种激素，称为赤霉素，赤霉素因首次在赤霉菌（*Gibberella*）中发现而得名。赤霉素对节间细胞的作用也与光照强度有关。光照充足的情况下，赤霉素对节间生长的促进作用会受到一定程度的抑制。因此，赤霉素在充分促进节间伸长拉开叶片间距的同时还能让植物矮壮生长保持结构稳定性。低强度光照下，特别是在与周围植物争夺光照时，赤霉素就会变得更活跃，促使节间伸长，这样，上层的叶片就能伸到高处，以便获取更多阳光。有趣的是，喜阴植物完全适应了自己喜欢的生存环境，不会对低强度光照作出这样的反应。生长在暗处的暗化植物似乎在生命濒危时才会将所有能量都用于节间伸长寻找一丝丝光亮。理论上讲，只要营养物质丰富赤霉素就可以刺激植物无限生长，但是植物储备的营养物质在生长过程中很快就会耗尽，因此即使在赤霉素刺激下，植物也无法长到理论上所说的状态。

向地性和向触性

根系和茎系向相反方向生长，表现出对地球重力场的不同反应，这种生理过程称为向地性（*geotropism*）[①]或向重力性。大多数根系都具有正向地性，换言之，其生长方向与重力方向相同。大多数茎系具有负地向性，即生长方向与重力方向相反。根茎、匍匐茎和部分根系水平生长时，表现出横向地性（*diageotropism*）[②]从根和茎中长出的分枝与植物垂直生长的方向成角度生长，表现出斜向趋性（*plagiotropic*）[③]。

茎在侧放时（或许是盆栽植物偶然翻倒），其先端很快就会恢复正常的生长方向。在重力作用下，生长素积聚在茎的近地侧，使此处细胞比背地侧细胞生长得更快。生长素分子非常轻，比能在重力作用下移动的最小物体还要轻，生长素如何向茎近地侧移动仍是未解之谜。

茎的细胞在高浓度生长素作用下会伸长，根的细胞在低浓度生长素作用下会伸长。水平放置根中的生长素会积聚在近地侧，这与水平放置茎中生长素积聚的位置一样，根却向下生长。研究显示，根冠中产生的另一种激素也影响着根的向地性。

---

① *ge* 在希腊文中意为"大地"。

② *dia* 在希腊文中意为"横过"。

③ *plagios* 在希腊文中意为"倾斜的"。

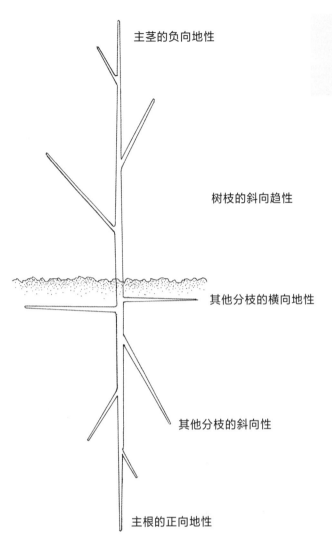

主茎的负向地性

植物主根、主茎及分枝的向地性（向重力性）反应。

树枝的斜向趋性

其他分枝的横向地性

其他分枝的斜向性

主根的正向地性

　　向地性在种子萌发过程中起着不可或缺的作用。土壤中随机播撒的种子的胚指向不同方向，但根尖和芽尖从种子中长出后不久就会识别方向，这种恰如其分的向地性反应会使根和茎向适宜方向生长。试想一下，如果每一粒种子都必须播种在特定位置才能成功萌发，这对园艺工作者来说简直无法想象。

　　向地性由遗传而来。但是，每种植物的根和茎都由同一个受精卵发育而来，为何会对生长素的浓度作出不同反应？是什么原因使植物的主茎垂直生长，分枝却对重力作出不同反应朝向多个方向？从根茎长出的分枝由水平生长变为垂直生长时，激素会发生什么变化？虽然我们无法准确回答这些问题，但毫无疑问，只有植物对重力作出不同反应，其不同部分才能占据生长的三维空间。

茎的向地性（向重力性）。在重力作用下，生长素（颜色部分）积聚在水平放置茎的近地侧。近地侧细胞中的生长素浓度高，因此生长速度快于背地侧细胞。

无论种子在萌发过程中处于何种位置，长出的嫩芽都会迅速调整自身方向，向上生长。

主根径直向下生长，但较小的侧根并非完全表现出正向地性。植物激素控制着这种生长模式。

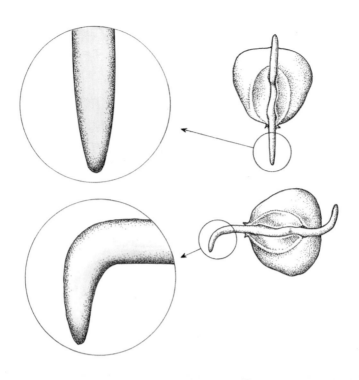

　　根的向地性（向重力性）。根从种子中长出时，在重力作用下，生长素（颜色部分）积聚在水平生长根的近地侧。背地侧细胞中的生长素浓度低，生长速度快于近地侧细胞。

　　含羞草的复叶呈展开状，经触碰后呈折叠状。

向触性（*thigmotropism*）① 是指植物对触碰的反应，体现在卷须缠绕支撑物的能力上。远离支撑物的外侧细胞生长速度快于接触支撑物的内侧细胞，因而卷须发生卷绕。据推测，卷须两侧的生长素分布不均引起了生长差异。但微乎其微的挤压是如何使生长素移动到一侧的？这又是一个关于向性运动的未解之谜。

植物对触碰作出的另一种反应体现在含羞草（*Mimosa pudica*）的复叶中，复叶会对震动或触碰迅速作出反应，小叶闭合叶柄下垂，叶片会在 10 ~ 20 分钟内恢复到正常位置。这种现象称为感震运动，在植物界实属罕见。

植物生长的其他运动

延时摄影将几小时或几天拍摄的时间压缩到几秒或几分钟内观看。通过这种技术，我们得以欣赏植物生命中前所未见的奇迹：种子的发芽、花朵的开放和闭合以及植物生长过程中舞蹈般的节奏。通过倍速播放，我们可以看到茎尖左右摆动或呈螺旋状运动，而不是直线生长。这种运动称为感性运动（*nastic movement*）②，是由于在激素控制下茎尖不同位置的细胞生长速度不同使茎向不同方向生长引起的。感性运动也由激素控制，但与向性运动不一样，不是对外界刺激作出直接反应。

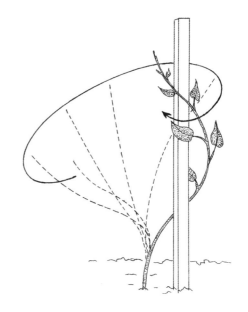

　　缠绕茎的感性运动。缠绕茎不断生长，顶端绕了几个大圈才接触到支撑物，随后继续绕着支撑物螺旋生长。

---

① *thigma* 在希腊文中意为 "触碰"。

② *nastos* 在希腊文中意为 "靠近"。

缠绕茎的顶端在生长过程中会绕几个大圈，一旦与坚硬的物体接触，顶端就会继续绕着这些物体螺旋生长以获得支撑。花朵的开合也是一种感性运动。花朵开放时，花瓣上表面的细胞增大，花朵闭合时，花瓣下表面的细胞增大。对食虫植物捕蝇草的研究表明，捕虫器的运动由类似的机制控制，捕虫器的闭合是一种极其快速的生长反应。由于细胞大小的变化不可逆，因此捕虫器每次闭合和打开时，叶片都会增大。

激素与衰老过程

果实成熟时会经历老化过程，或称衰老过程，该过程同样由激素控制。叶子即将从茎上脱落（*abscission*）[1]时，也会经历衰老过程，叶子可能会单独脱落，也可能会从落叶树种上大量脱落。衰老一旦开始就不可逆，因此植物必须严格控制衰老过程，防止组织、器官或整个机体过早衰亡。

生长素、赤霉素和另一种称为细胞分裂素（*cytokinin*）[2]的激素能够维持细胞的功能和结构完整性，从而抑制衰老。细胞分裂素主要负责促进细胞分裂。另外两种生长调节剂则与这些激素起拮抗作用，促进衰老。外部环境诱因（如温度或昼长的季节性变化）和内部生化信号会改变这两组激素之间的平衡。促进衰老的物质是乙烯（一种气体）和脱落酸，脱落酸最初被认为能促进所有物种的叶片脱落，因此得名。不过后来人们发现通常是乙烯控制脱落过程。

果实成熟时会发生各种生化反应。绿色色素叶绿素分解，黄色、橙色和红色色素增加，引起颜色变化。可保护未成熟果实免受动物掠食的鞣质逐渐水解，糖分逐渐增多，成熟的果实会吸引动物前来享用，同时帮助散播种子。不过，主要还是由于乙烯的作用，细胞结构发生了剧变，如细胞膜分解、细胞壁软化等。这些过程导致的结果在熟过头随时准备释放种子的变质果实中很容易看到。鞣质水解、角质层退化、碳水化合物增多，熟透的果实为真菌提供了理想的生长环境，真菌最终会将果实分解。

商业中，乙烯常用于催熟水果，如采摘后即将装运的生香蕉。这些水果在零售前都要经过乙烯处理。在家里，我们可以把一些未成熟的水果放进装有碎苹果块的纸袋里，进行催熟。受损的苹果组织就像大多数受损的植物器官一样，会

---

[1] *abscission* 来源于拉丁文，意为"切断"。
[2] *kytos* 在希腊文中意为"容器"或"细胞"，*kinesis* 意为"活动"。

同一天采摘的六个青柿子。一周后，放进装有苹果皮（乙烯来源）袋子中的三个已成熟，放在架子上的另外三个则刚开始变色。

导致细胞释放乙烯。将纸袋密封防止乙烯逸出，并将纸袋置于室温下，然后我们就可以静待水果数天后成熟了。这种处理方法并不一定能使所有品种的水果都快速成熟，但值得一试。

叶片脱落前的衰老包括叶绿素的分解和叶柄基部细胞壁的脱落，叶柄基部位于称为离区的狭长细胞带中。春夏季节，叶片产生的生长素对离区有保护作用，但随着秋季白昼变短夜间气温变低，叶片产生的生长素开始减少，释放的乙烯逐渐增多。乙烯刺激酶分解纤维素壁和胞间层中的果胶，果胶是黏合细胞的黏稠物质。乙烯的破坏作用仅限于离区的细胞，这说明植物能够精准控制其激素机制。

常绿树木老化的叶子会通过一系列相同

显微镜下观察到的腋芽及毗邻叶柄基部的横切图。叶片的离区是横跨叶柄的黑色带状区域。

的生化过程依次脱落。果实和花朵也会以同样的方式适时脱落。有些物种的果实在发育过程中有三个时期会发生脱落，比如苹果的三个脱落期分别为开花后脱落，6 月脱落（此时果实尚未成熟）和采收前脱落，此时许多成熟果实掉落在地。喷洒合成生长素可防止果实过早脱落，从而提高产量。

控制分枝和不定根的形成

园艺工作者都很清楚，要想让植物枝繁叶茂，就必须定期修剪茎尖。只要顶芽存在，它们就会抑制腋芽生长，尤其是抑制靠近茎顶端的腋芽。这种生理过程称为顶端优势。如果不修剪茎干，就只有受顶端优势影响较小的基部腋芽才能发育成侧枝。

茎顶端分生组织产生的生长素会抑制腋芽生长。用同样能抑制腋芽生长的人工激素替代顶芽产生的生长素，就可以验证这一事实。仅仅通过修剪茎尖的方法就能去除生长素源，让腋芽得以生长。茎干中的生长素自上而下逐渐减少，抑制作用减弱，到达基部时已经不能抑制腋芽生长，所以基部腋芽在不去除生长素源的情况下也能生长。

（左图）未修剪的夹竹桃茎干显示出顶端优势的生长模式。去除茎尖后，腋芽不受抑制，可发育成枝条。

（右图）扦插的茎和叶能否成功繁殖取决于物种能否形成不定根。图中是非洲紫罗兰（*Saintpaulia*）的叶子。

不同物种在扦插的茎或叶上生长不定根的能力有所不同，园艺工作者对此也很熟悉。一些物种扦插的叶中天然存在生长素，能够促进根系的发育，一些物种则必须使用生根剂（一种合成生长素制剂）进行处理。压条法是一种营养繁殖方法，是对常用扦插技术的改进，能让仍与母株相连的枝条长出不定根。优势在于，在生根过程中茎段（或称压条）可以得到水分、养分和生长素。根系形成后，压条就可以从母株上分离下来进行栽培。

人工合成的生长调节剂

研究植物生长调节剂的早期阶段，人们推测植物的每个生理过程都由不同的激素控制。然而，人们很快就发现，植物只需使用几种激素就能调节众多生理过程，这些激素可以单独使用，也可以相互结合使用。

除了前面提到的作用外，植物激素还有其他一些作用。赤霉素调控种子萌发；乙烯促进茎增粗，尤其是幼苗的增粗；脱落酸会使植物（至少是一些物种）进入休眠状态，而赤霉素能将其从休眠中唤醒。人工施用赤霉素可促进某些物种花的形成和果实的增大。根据一些报告，乙烯能促使菠萝树及其亲缘植物（凤梨科植物）开花，这些植物只需在装有苹果皮的密封袋中放置几天就能形成花朵。遗憾的是，乙烯和赤霉素作为促花激素，并不是对所有开花植物都有效。

植物生理学家发现了几种在农业和园艺中十分有用的化合物，虽然不是植物产生的，但是用到某些植物里，可以调节植物生长。例如，落叶剂可促进叶片脱落，受到棉花种植者的青睐，因为无叶棉花便于机械采摘棉铃。疏蕾剂可使花蕾脱落，喷洒在某些种类的观赏乔木和灌木上，可以轻松脱掉我们不需要的刚长出的果实。生长延缓剂可以在温室花卉栽培业中用于培育矮小的盆栽植物，如菊花和一品红。这种化合物能够抑制赤霉素对节间伸长的促进作用，使植株变矮，让植物不仅看起来更漂亮，还便于运输，能够降低运输成本。除草剂通常用于除草。有些除草剂（如2,4-二氯苯氧乙酸）专门用于消灭阔叶物种，有些是通用型，可以消灭各种植物。探索植物生长调节剂最初只是学术兴趣，如今植物生长调节剂已发展成为能带来丰厚利润的产业。

环境控制：温度

激素和其他生化机制控制着植物的生长和发育，季节性环境变化，尤其是温度和昼长（光周期）的变化，对激素等的控制起调节作用。前文提到的整个植株叶片脱落的现象就是季节性环境变化在起调节作用。

数千年来，每个月的昼长变化就像太阳在天空中的位置变化一样有规律，温带地区每年冬季都会有一段寒冷期。这些现象持续有规律地出现，为植物进化出生理适应性创造了理想条件，植物以此为外部诱因，开启生理过程。环境诱因往往会提醒植物做好准备，应对即将来临的不利季节，比如休眠是一些植物度过冬季的唯一生存手段。除了应对不利季节，这些诱因还会促使植物进入生殖周期的最初阶段。

冬季休眠期间，植物的新陈代谢几乎处于停滞状态，部分原因是低温减缓了化学活性，但是植物学家发现，有几个重要的生理过程必须在冬季温度降低时才能进行，这个发现让人感到惊奇。例如，冬季休眠的芽必须经历一段低温期，才能做好准备，最终在温暖的春日苏醒。植物学家认为，寒冷会刺激某种激素（可能是赤霉素）的合成，这种激素是后续生长所必需的。大部分芽可能需要在低于10℃的环境中度过数天或数月才会从休眠中苏醒。例如，苹果树需要在7℃左右的环境中度过 1000 ~ 1400 个小时。这种低温需求限制了某些物种的地理分布，它们只能分布在气候凉爽地区。不过，桃、李等适应性强的温带水果品种只需很短的低温期，或根本不需要低温期，它们如今已经可以在冬季温暖的纬度地区种植。

冬季休眠的植物不会在春季来临时就苏醒，这一点非常重要，因为新叶和新花很容易遭受霜冻侵害。冬季过后，许多物种还需要经历一段相较于冬季而言，昼长更长的低温时期，休眠才能在恰当的时间结束。芽鳞内微妙的时间机制也许能够识别昼夜的长短，本书前文已介绍过芽鳞。

春天来临时，许多此类物种开花后才长出叶子，这样可以更容易吸引昆虫传授花粉，以使繁殖过程更早开始。相应地，作为对昼长缩短的一种反应，花蕾是在前一年下半年植物休眠之前形成的。许多鳞茎类植物也存在类似的情况，即温度降低会促进花朵的发育。例如，郁金香鳞茎在秋季会形成初生花蕾，但要让花朵在春季来临前完成发育，鳞茎就必须先经历 13 ~ 14 周的低温期（温度在10℃左右）。温度回升会促进叶和茎的发育以及花朵的开放。

在温带地区，休眠鳞茎在土壤越冬过程中所需要的温度是自然变化的；但在气候较温暖的地区，郁金香鳞茎必须在每年秋季挖出并冷藏，以确保来年开花。风信子、黄水仙和洋葱也需要进行类似的低温处理，但不同品种所需的确切温度和处理时间各不相同。种植洋葱主要是为了收获鳞茎，因此可将洋葱鳞茎全年保持在温暖环境中，以防止开花。

春化作用

有些物种的植株甚至是种子经过几周接近或处于冰点温度的低温后，才会在春天开花。这一生理过程称为"春化作用"（*vernalization*，来源于拉丁文，意为"属于春天"）。

人们在黑麦、小麦等谷物的冬季品种中最早发现了春化作用。这些物种的种子必须在秋季播种，长成幼苗后在寒冷的土壤中越冬。经过这种低温处理，冬黑麦幼苗在春天开始生长，7 周内就会开花，而未经低温处理的种子培育出的冬黑麦则需要 14 ~ 18 周才能开花。长时间延迟开花对植物不利，会导致其无法在夏季结束前完成生殖周期。

许多两年生植物都需要经过春化作用，才能在两年生命周期的第二年成花。

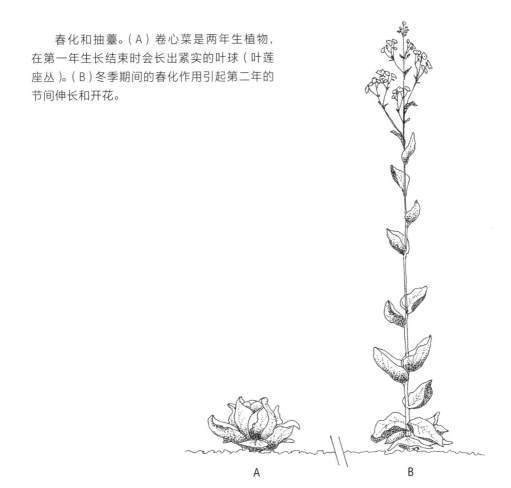

春化和抽薹。（A）卷心菜是两年生植物，在第一年生长结束时会长出紧实的叶球（叶莲座丛）。（B）冬季期间的春化作用引起第二年的节间伸长和开花。

A　　　　　　　B

这些植物包括卷心菜、羽衣甘蓝、抱子甘蓝、胡萝卜、芹菜、毛地黄等品种。通常情况下，这些蔬菜作物在第一年营养生长结束时就会被采收，如卷心菜在其叶球（叶莲座丛）包裹紧实时就被收割。但如果任其越冬，这些植物就会为茎的爆发性生长（即抽薹）做好植株上的准备，以便在春末成花。

春季白昼变长气温升高，促进节间迅速伸长（抽薹）并使伸长的茎顶端开花。这些气候条件对未经春化的植株没有影响，它们仍保持莲座丛状，不能开花。经赤霉素处理而未经春化的植物会抽薹，因此赤霉素（促进节间伸长的激素）可能是在春化过程中产生的。

许多菊花品种都是需要春化的多年生植物。冬季和早春，菊花植株基部的幼芽会对持续 3 ~ 4 周的低温作出反应。此时，花朵发育最初阶段的生化过程已经开始，但在嫩芽长成之前并不活跃。到夏末，在植株即将完成开花过程时，花朵发育的第二阶段才随着昼长变短开始。

植物的一些潜在化学机制由低温激活并为植物开花做好准备，其中的奥秘目前仍无法揭示。更复杂的是，菊花和许多其他植物所做的这些准备只是为了让植物对光周期敏感，光周期是开花过程中更令人费解的因素。

环境控制：光周期

光周期现象是植物对昼夜长短变化的反应，约于 1920 年由加纳（W. W. Garner）和阿拉德（H. A. Allard）发现。虽然光周期对植物的多种功能都有刺激作用，但花的盛开是最常与这一环境控制机制联系在一起的生理过程。加纳和阿拉德意识到植物能够测量时间，从而启动生殖过程，因此他们得出结论：植物对每 24 小时内的日照时间作出反应。他们提出的术语"光周期现象"以及与这一过程相关的其他术语都表明了这一观点。遗憾的是，随后的研究表明，植物测量的是夜长，而不是日照时间，但为了方便起见，"光"和"白昼"在科学术语中沿用至今。

根据对光周期的需求，被子植物大致可分为三类：短日植物、长日植物和日中性植物。日中性植物只需经过一段特定的营养生长期即可开花，不受昼长的影响，这些植物包括玉米、黄瓜、番茄、葡萄、芸豆、荚蒾属植物、欧洲冬青等。下表列出的是短日植物和长日植物及其临界光周期，即开花所需的每日光照时长。

短日植物及长日植物及其临界光周期

短日植物	日照长度小于临界光周期时开花
菊花（*Chrysanthemum*）	15 小时
紫苏（*Perilla*）	14 小时
一品红（*Euphorbia*）	12.5 小时
草莓（*Fragaria*）	10 小时
紫罗兰（*Viola*）	11 小时
长日植物	**日照长度大于临界光周期时开花**
满天星（*Gypsophila*）	16 小时
莳萝（*Anethum*）	11 小时
红菽草（*Trifolium*）	12 小时
景天属（*Sedum*）	13 小时
菠菜（*Spinacia*）	13 小时

值得注意的是，临界光周期的长短因物种而异。"短"日和"长"日并非根据具体的日照时数，而是根据昼长短于或长于物种的临界光周期来定义。短日和长日植物的反应见附图。

不管昼长还是夜长，植物开花都需要满足两个条件：一是进入花熟状态，花熟状态是植株达到支撑花和果实重量所必需的最小尺寸的状态；二是储备有足够的营养物质以满足繁殖器官发育的大量需求。植物进入花熟状态后，适宜的日照长度就可以对其进行光周期诱导。多年生植物经过一年或多年的生长才会进入花熟状态，但一年生植物的种子萌发以及营养器官的发育必须在年初完成，为光周期诱导做好准备，年初时是一年生长周期中的临界光周期。

大多数物种都需要连续几天的光周期诱导，才能将顶端分生组织的活动从形成叶子转向形成花朵，这是一种惊人的转变，其机制一直令植物学家困惑不已。对于大多数物种来说，一旦分生组织开始形成花朵，就无法再形成叶子。植物生理学家已经确定，测量昼夜时间并对光周期作出恰当反应的生化机制位于成熟叶片的

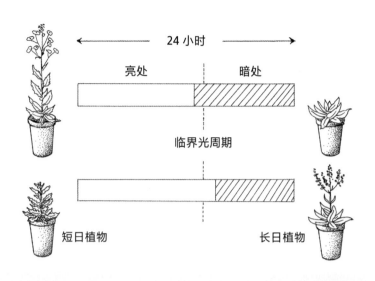

日照长度短于临界光周期时，短日植物开花。日照长度长于临界光周期时，则长日植物开花。

细胞内。在发生光周期诱导时，这种机制会刺激开花激素的合成，开花激素会从叶片转移到顶端分生组织中。迄今为止，人们对植物测量时间的过程仍未完全了解。

植物学家孜孜以求，渴望厘清开花激素，即成花素的化学本质。神秘的成花素会在经光周期诱导的砧木和未经光周期诱导的接穗之间移动，使二者都开花。成花素还会在一些由长日和短日相互嫁接的植物中移动，其中一种植物受到光周期诱导，另一种植物也会开花。与所有植物激素一样，成花素也在浓度极低的情况下发挥作用，因此很难检测到。植物生理学家普遍认为，成花素实际上是赤霉素、生长素、细胞分裂素等一些已知激素的特殊组合，这导致成花素更难分离和检测。

由于没有可喷洒在植物上的成花素，每当希望植物开花时，花卉栽培者只能通过人工光周期诱导植物满足开花条件。电灯用于延长自然日照时间，厚窗帘用于模拟短光周期。通过这些方法，菊花等经济性观赏植物可以全年开花。

在所有控制植物生长和发育的生理过程中，光周期的影响最为深远。在起诱导作用的日照长度刺激花朵形成后几个月，繁殖过程便随着种子的散播而结束。由于花、果实和种子的发育都需要时间，因此植物必须尽早开始形成花朵。许多物种必须在冬季或夏季干旱来临之前完成繁殖，因为只有种子才能在这样的气候条件中存活。光周期过程联系了两种毫不相关的独立环境条件——当前的日照长度和即将来临的不利季节。植物似乎不仅在测量流逝的时间，还在预测未来。

吸收利用水、矿物质和光

植物无法像动物一样四处移动，寻找食物和水，只能在一处固定位置生存的植物必须要能够利用周围环境，以获得生存所需的稳定养分来源。与动物相比，植物的优势在于能够通过光合作用产生自身所需的所有有机物，但要产生这些有机物，植物叶片必须至少在一天的某段时间里吸收足够光照，同时从大气中吸收二氧化碳。与此同时，根系必须不断从土壤中吸收水分和溶解的矿物质，矿物质的种类要适合、浓度要适宜。任何一个园艺工作者都知道，在打理植物过程中，更重要的是要为植物提供充足水分，植物偶尔还需要肥料或有机物提供新的矿物质。植物根系能够吸收水和矿物质，对维持生长发育至关重要。根系吸收水和矿物质，叶片通过光合作用产生有机物，二者共同维持植物的生命活动。

渗透作用：细胞的水泵

植物以泥土、空气、水分和光照为基础，以自给自足的方式生长发育并产生营养物质，这种方式称为自养，即"自己提供营养"。异养（外源营养）动物、真菌和微生物依赖植物光合作用产生的营养物质生存，或者靠掠食其他异养生物来获取二手营养。自养生物的特点是可以进行光合作用，光合作用是地球运转最为重要的过程。

水分通过渗透作用（osmosis）[1]进入根的表皮细胞时，就开启了从土壤到植物叶片的旅程。渗透过程中，水分子在进出细胞原生质时，会试图使细胞膜两侧的物质浓度相等。

大多数土壤富含水分，且含盐量低，相反，根部表皮细胞的原生质中含水量较少，其中高度聚集了盐分、糖类和其他物质。因此，水分从含水量高的土壤中移动（扩散），渗透到根部表皮细胞时，会稀释细胞的溶液。

盐分和其他物质试图从根部细胞扩散到土壤中时，这种均衡机制也同样适用。然而，细胞膜的渗透性是有选择性的，水分可以自由向细胞内流动，但大多数溶解物质无法向外渗透。水分可以跨膜优先扩散，正因为如此，渗透作用才能发生。

进入细胞的水分储存在细胞中央的大液泡中，液泡膨胀会将细胞质挤向坚硬

---

① *osmos* 在希腊文中意为"推动"。

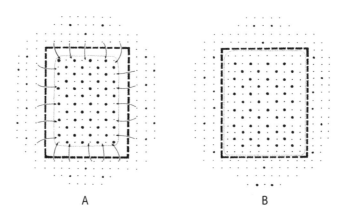

渗透作用。（A）细胞被大量溶解物质（大圆点）占据，从而减少了水分子（小圆点）占据的空间。稀释的外部溶液含水量更高，因此水分会扩散到细胞内。细胞膜可防止溶解物质从细胞中流失。（B）水分的渗透吸收在细胞内产生膨压，因此细胞膜紧贴细胞壁。在示意图中，细胞质和液泡被视为一个整体。

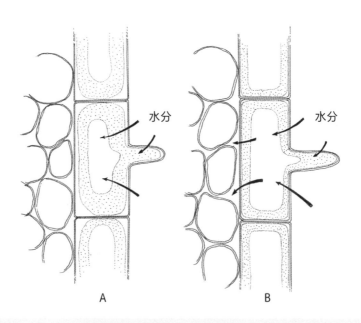

根部吸水。（A）水通过渗透作用进入根的表皮细胞。（B）随着液泡膨胀，细胞质紧贴细胞壁，产生内膨压。膨压最大时，水分被挤出细胞，挤出的速度与水分持续进入细胞的速度相同。随后水分进入皮层细胞之间的空隙。

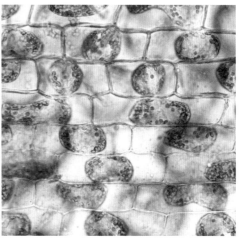

溶胀细胞中（左图），叶绿体散布在细胞质内，而细胞质受到不易观察到的膨胀液泡的挤压，紧贴在细胞壁上。失水过多时（右图），细胞会发生质壁分离，细胞质脱离细胞壁，迫使叶绿体紧密聚集在一起。

凤仙花枝条的溶胀组织与蔫软组织产生作用时的区别很显著。

的细胞壁。细胞溶胀（完全膨胀）时，吸水速度会减缓，但不会完全停止，水分会继续扩散到细胞内，扩散进细胞内的水分和细胞壁与内膨压对抗挤出的水分体积相等。溶胀细胞具有安全阀装置，可防止细胞膨胀破裂。

细胞膨压让充满水的组织变得坚实。生菜叶或芹菜叶柄是脆嫩还是萎蔫，显示出细胞有膨压（溶胀）和无膨压（松弛）的区别。与此类似，如果自行车轮胎具有可膨胀的内胎，打满气后，内胎会紧紧抵在周围无弹性的轮胎壁上。轮胎放气时，轮胎壁就像细胞壁一样，不会瘫软，它只是失去了内压力。

即使有充足的水分，大多数植物物种也会在含盐量高的土壤中枯萎。这种盐碱土的溶液浓度大于根细胞的溶液浓度，因此渗透作用的方向相反，导致根部失水。细胞排出大量水分后，液泡缩小，细胞质与细胞壁分离，这种情况称为质壁分离（plasmolysis，lysis 在希腊文中意为"细胞质的'松动'"）。长时间的质壁分离会导致细胞死亡。然而，海草和被子植物的细胞能够适应沿海和沙漠盐滩的环境，因此可以在盐碱条件下茁壮成长，而不会发生质壁分离，这是因为这些物种细胞中的盐分浓度高于所处外部环境中盐分的浓度，因而可以维持渗透性吸水。

根压的产生

在根的顶端附近，表皮细胞及其延伸部分（根毛）通过渗透作用从土壤中吸收水分。表皮细胞溶胀时，会将水排入皮层细胞之间的空隙，这是液体外流时阻力最小的路径。水流过皮层后，第二个渗透泵，即内皮层，将其引入根部中心，输送到木质部的中空管状细胞内。

表皮和内皮层以一种称为根压的细微压力，共同推动水分穿过根部，使其沿木质部向上运输。液体从草质茎的切口渗出时，我们就能看到根压产生的效果。清晨叶尖或叶缘出现水珠也是由根压引起的。渗出液从某些物种进化出的特殊小孔（排水器）中渗出，以排出多余的溶解盐，这种现象称为吐水（guttation，gutta 在拉丁文中意为"水滴"）。

虽然根压可以将水推动到低矮植物的叶片上，但不能像某些树木那样将水分运输到距地面几百英尺（1 英尺约合 0.3 米）的高度。叶片产生的拉力与根部的推动力相辅相成、共同作用，才能完成这样的"工程壮举"。

水穿过根部的路径。表皮和内皮层起着渗透泵的作用，将土壤中的水分输送到皮层，再输送到根部中心的木质部。

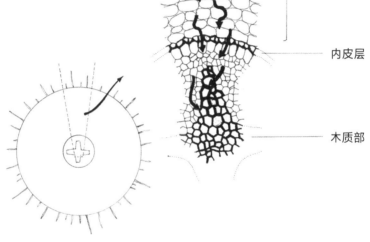

水

根毛

表皮

皮层

内皮层

木质部

叶缘上形成的水珠由吐水而来，吐水是根压引起植物分泌渗出液的现象。

蒸腾拉力

叶片中的叶肉细胞含有光合作用产生的高浓度糖分，这些细胞通过渗透作用从木质部吸收水分。随后，水分从溶胀的叶肉细胞中排出，太阳的热量会将其转化为水蒸气，水蒸气扩散在整个叶片的内部空间，最终通过蒸腾作用（*transpiration*）[①] 从开放的气孔排出。

叶片损失水蒸气后，叶肉细胞会从叶脉中吸入液态水，补充水分。根、茎和叶的木质部相互连接，水分子在相连的木质部中不间断地运动，因而蒸腾作用产生的拉力（即蒸腾拉力）存在于整棵植物中。

要理解根压和蒸腾拉力的共同作用，可以想象一根垂直的管子，水在管子底部压力的作用下注入，在管子上方吸力的作用下上升，水会十分快速地移动，但要使水流持续不断，还必须将水从管子顶部抽走。大多数植物物种中，进入根部的水约有98%以水蒸气形式从叶片中蒸腾流失。

炎热干燥的天气里，树荫下的空气因含水量较高而更为凉爽舒适，这就是蒸腾作用大量释放水蒸气的结果，人们很容易就能感受到。树木的蒸腾量非常大，令人惊叹不已。据估计，一棵48英尺（约15米）高的银白槭每小时的蒸腾量高达58加仑（约220升）。每英亩（约0.4公顷）温带阔叶树林每天的蒸腾量约为8000加仑（约30000升）。一株平均大小的番茄在生长期的蒸腾量约为30加仑（约115升），一株玉米在生长期的蒸腾量则为55加仑（约210升）。这些水量是植物的基本需求，由雨水和灌溉通过土壤提供。

虽然蒸腾作用看似是一个浪费水分的过程，但植物需要开放气孔吸收二氧化碳进行光合作用，因此水蒸气通过气孔损失在所难免，而且这一困境已在进化过程中转变为植物的优势。蒸腾作用不仅能逆重力将大量水分牵引到树梢的叶片中，还能通过木质部的蒸腾流有效地将土壤中的矿物质输送到植物各个部位。此外，由于水蒸气从温暖潮湿的物体中逸出时会带走热量，因而蒸腾作用对暴露在骄阳中的叶片具有显著的降温效果。汗水从人们的皮肤蒸发时，体表感觉清凉，这就充分表明该原理效果显著。

植物不会因无法控制失水量而受到影响，因为它们能迅速关闭叶片上的气孔，特别是在根部吸收的水分少于叶片蒸腾的水分时。一些物种的某些特征有助于减少蒸腾作用，如表皮毛铺满整张叶片、气孔位于叶片下表面以及叶片褶皱内

[①] *trans* 在拉丁文中意为"穿过"，*spiro* 意为"呼吸"。

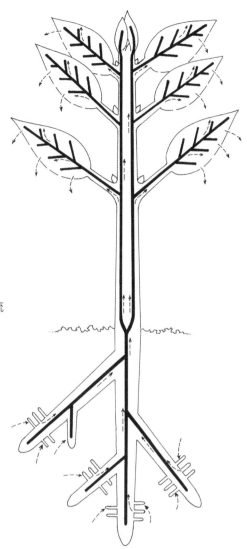

植物中的木质部相互连接，图为水流
通过木质部的路径。

气孔关闭等特征。

  环境对蒸腾速率有显著影响。白天的高温会大大增加水分的流失，许多沙漠
植物在夜间打开气孔，并在组织中储存二氧化碳以备第二天利用，避免白天水
分流失过多。空气湿度较低时，饱含水蒸气的叶片内部与外界空气之间的含水量
差异尤为明显。因此，干燥时期，蒸腾作用增加，叶片很快就会枯萎。微风吹拂
时，空气流动也会从气孔中带走水分。但是，在树叶受到强风（或者人为）猛烈
摇动时，气孔就会关闭，蒸腾作用也会停止。

如果植物被连根拔起或者茎被砍断，水分输送的连续性（土壤—根部—枝叶—外界）就会中断。因此，植物移栽后应立即浇足水，提供比平时更多的土壤水分，弥补气孔关闭前的蒸腾损失，确保受损根系在恢复期间得到充足的水分供应，帮助植物从移栽的创伤中恢复过来。

在蒸腾作用活跃的植物中，蒸腾拉力可使木质部的水分保持张力。因此，植物的茎部被砍断后，空气会被吸入裸露的导管中，阻塞水流。在花园里，花茎总要剪得长于预期长度，随后再把花茎放入水中，重新剪成适宜的长度。如果将花茎迅速放入装有水的花瓶中，蒸腾流就不会中断，花朵也不会枯萎。应使用剪刀修枝剪或用锋利的小刀进行干净利落的剪切，以使木质部导管的末端处于开放状态。

低温硬化

冬天，落叶植物的叶子掉落后，水分运输就会停止。如果剩余的水分在植物细胞中结冰，膨胀时会使脆弱的细胞膜破裂，这种情况不可逆转。植物为越冬做准备的过程称为低温硬化，这个过程包括在原生质中积累糖分，糖分具有防冻作用。在低温硬化的另一个阶段，细胞膜的通透性发生变化，因此细胞内的水分得以渗入细胞间隙。如果冰晶在细胞壁外形成，就可以避免对原生质造成伤害。

对矿质营养的需求

硝酸盐、硫酸盐、钙、铁和磷酸盐是植物所需的部分矿物质，园艺工作者对其熟稔于心。每个园艺工作者似乎都有自己青睐的肥料，用于满足植物对矿物质的需求。无论这些矿物质是来源于有机物（如堆肥）还是无机物（市场上的晶体肥或液态复合肥），矿质元素都相同。这两种来源的主要区别在于，有机肥分解后，会逐渐向土壤中释放少量非特定矿物质，无机肥则是特定元素的浓缩物，用途明确。

植物生理学家将植物所需的矿质元素分为两类：宏量营养素和微量营养素。宏量营养素是植物利用最多的元素，微量营养素则利用较少，在某些情况下只是作为杂质混入肥料或溶解在自来水中。除后文表中列出的矿质元素外，有些物种还需要微量的氯（Cl）、铝（Al）、钠（Na）、硅（Si）或钴（Co）。

碳、氢、氧是植物生长过程中使用最多的元素，主要来源于空气和水。自然

（左图）番茄植株在含有所有必需矿质营养的溶液中生长，外观粗壮。（右图）缺镁会导致老叶变黄（失绿症）。

（左图）植物缺铁表现出的第一个症状是嫩叶萎黄。（右图）缺氮植物长势不良，如茎干细弱、叶片不发达以及根系发育不良。

（左图）缺磷会导致细胞发育不良，从而延缓植物各个部位的生长。（右图）缺钙对植物生长的影响最为严重。植物需要钙元素来形成果胶，果胶是黏合细胞壁的物质。

界中的其他所有营养素都来源于地球上的岩石，岩石风化后会逐渐将矿物质释放到土壤中，随后进入大自然的水域中。

　　每种元素都具有特定的生化作用，不过，微量营养素的作用难以确定。微量营养素也称微量元素，如名字的含义，这些元素在植物组织中仅以微量起作用。缺乏某种元素会导致植物出现可预见的明显症状，根据这些症状，我们可以在一定程度上推测出矿质营养的作用。例如，缺镁和铁会导致叶绿素的合成减少，从而出现失绿症，即叶片变黄的症状。镁是叶绿素分子中不可或缺的元素，而铁在叶绿素的合成过程中也必不可少。

　　氮是叶绿素和氨基酸的组成元素，氨基酸是形成蛋白质大分子的小分子单位。蛋白质用于构成细胞膜、染色体和酶分子，这些物质对生长都至关重要。因此，缺氮植物叶片萎黄、发育迟缓的现象不难理解。

　　缺磷会导致细胞发育不良，进而减缓生长速度。磷元素作用繁多，比如，它可用于组成磷脂，从而组成脂肪膜。DNA 是细胞核中携带遗传密码的物质，在DNA 形成过程中，需要大量磷原子组成其复杂的分子结构。钙元素在果胶的合成过程中必不可少，果胶是黏合细胞壁的黏稠物质，因此钙元素对分生组织的形成至关重要。缺钙会导致茎尖、根尖和叶缘迅速凋亡，即坏死（necrosis，nekrosis 在希腊文中意为"死亡"）。

钾、铜、锌、锰等金属元素的功能过于微妙，无法通过明显的缺素症状反映出来。对植物组织进行实验后，得出的分析表明，这些元素在激活控制代谢途径的关键酶方面，发挥着极其重要的作用。

缺素症状（尤其是缺乏微量营养素引发的症状）因物种以及不断变化的环境条件而异，因而植物出现特定的症状并不一定总是说明缺乏某种特定元素。此外，植物健康状况不佳还可能是其他因素造成的，如浇水过多（尤其是盆栽植物）、土壤中累积的盐分过高、空气污染严重或致病微生物入侵等。某些情况下，矿质元素可能很充足，但由于当时的土壤条件（见下一节"土壤"）不佳，根系无法将其吸收。

枝叶定期掉落并腐烂，矿质营养重新回到土壤中，以此完成自然界最重要的循环之一。叶片脱落之前，一些营养元素（如氮、钾、镁等）会从蛋白质、叶绿素和其他分子中释放出来，并从叶片转移到植物的生长尖端以供重复利用。矿物质在老叶变黄时转移，园艺工作者可以让变色的叶子保留在树上数日，等到矿物质转移完毕再将树叶清理，从而帮助植物保存养分。

植物在生长过程中对营养素的需求会发生变化，相比而言，氮、磷、钾的含量变化最大。植物营养生长初期，需要较多氮元素来促进嫩枝旺盛生长，只需要适量钾元素来促进根系形成。若想让根茎类作物用于贮藏营养物质的根部增大，就要改变氮和钾元素的比例，让钾元素的比例高于氮元素。植物达到花熟状态时，相对于氮元素，增加磷和钾元素含量可以促进生殖器官发育。有些植物在营养生长过程结束时，氮含量过高，代谢能量聚集到了新芽和根的生长上，因此无法开花。

氮（N）、磷（P）、钾（K）与特定器官的发育息息相关，因此肥料包装上会印有三个数字——氮磷钾配比（N-P-K ratio）。对于草坪和大多数盆栽植物而言，建议提高肥料中的氮含量，以促进叶片生长（例如 20-5-5，即 20 份氮、5 份磷、5 份钾），而氮磷钾配比为 0-10-10 的肥料是一种典型配方，专门用于植物的开花结实。根茎类作物肥料的氮磷钾配比可能是 2-12-10，或是通用混合肥料的配比 5-10-5。

植物所需的矿质营养

宏量营养素	化学符号	存在形态
碳	C	空气中的 CO_2（二氧化碳）
氢	H	H_2O（水）
氧	O	空气中的 O_2（氧气）和 CO_2，以及下面列出的某些化合物
氮	N	NO_3^-（硝酸盐，如硝酸钙）或 NH_4（铵盐，如硫酸铵）
磷	P	PO_4^{3-}（磷酸盐，如磷酸钾）
钾	K	钾盐，如磷酸钾
硫	S	SO_4^{2-}（硫酸盐，如硫酸镁）
钙	Ca	钙盐，如硝酸钙

微量营养素	化学符号	存在形态
镁	Mg	镁盐，如硫酸镁
铁	Fe	铁（亚铁）盐，如氯化亚铁
铜	Cu	铜盐，如硫酸铜
锌	Zn	锌盐，如硫酸锌
锰	Mn	锰盐，如氯化锰
钼	Mo	钼盐，如钼酸钾
硼	B	硼酸盐，如硼酸钾

土壤

　　土壤是植物生长环境中最重要的组成部分之一，是植物扎根的介质，也是植物获取养料、水分和氧气的来源。土壤是一种复杂的混合物，由岩石风化形成的无机质和有机质（腐殖质）组成。腐殖质由动植物残体分解后形成，无机质按颗粒大小分为三类：砂土、粉土和黏土。砂粒直径在 0.02 ~ 2 毫米，粉粒直径在

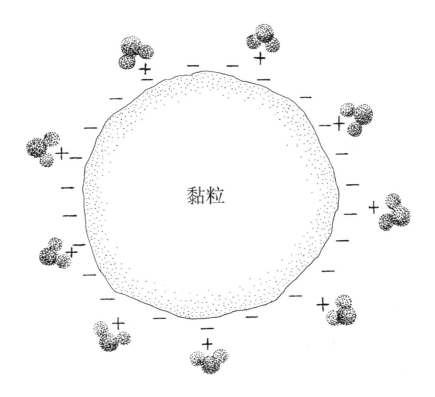

黏粒的表面带有负电荷，可吸引水分子。每个水分子都有一侧带正电荷。根系难以破坏黏土和水之间的结合。

0.002 ~ 0.02 毫米，黏粒的直径则小于 0.002 毫米。砂土、粉土和黏土的混合物称为壤土，例如，砂质壤土中砂的比例较高，而在腐殖壤土中，有机质则按不同比例与其他无机质混合。

每种无机质所占的比例决定了特定土壤的持水能力。持水能力，或称田间持水量，是指多余的水分在重力作用下排出后，土壤彻底湿润时的含水量。砂质土壤持有的水分很少，而添加腐殖质能够提高土壤的持水能力，水分保持在腐殖质颗粒内部和之间的微小孔隙（毛管孔隙）中。毛细管水是根系的主要水分来源。

含有大量黏土的土壤会带来特殊问题，黏粒带有吸引水分子的电荷，水和黏土的结合就像是两块磁铁的正负磁极相互吸引，根系难以破坏这种结合，因此，植物无法获得黏土中的大部分水分。

黏土存在的另一个问题是孔隙度极小。黏土中的细小颗粒密集堆积，黏土内部和外界之间几乎没有可用于气体交换的空间，然而，二氧化碳和其他气体从土壤中排出，氧气扩散到植物根部，这些气体交换活动对植物的生长至关重要。涝害是指土壤颗粒之间的孔隙被水填充，空气无法进入所造成的灾害，常见于重黏土中。相比之下，砂质和腐殖壤土疏松多孔，利于排水和气体扩散。

除矿质营养含量外，土壤还具有复杂的化学成分，这些成分决定了土壤的相对酸碱度，即 pH 值。pH 值是 1 ~ 14 的数字序列，其中 1 代表酸性最强，14 代表碱性最强。pH 值为 7 时，设定为中性，pH 值 1 ~ 7，酸性依次递减；7 ~ 14，碱性依次递增。

大多数园艺植物都适宜在中性或接近中性的土壤中生长。不过，蕨类植物、映山红、杜鹃花、山茶花等需要在 pH 值为 4.5 ~ 5.5 的酸性土壤中生长，而芦笋、菠菜、仙人掌和其他肉质植物适宜在 pH 值为 7.5 左右的弱碱性土壤中生长。绣球花能在 pH 值范围较广的土壤中生长，但花色可以反映土壤的 pH 值——在酸性土壤中，花朵呈蓝色，在碱性土壤中，花朵则呈粉色。

通常情况下，添加泥炭藓、锯屑等有机质或硫黄可以提高土壤酸度，石灰石（碳酸钙）则广泛用于提高土壤碱度。灌溉水中的矿物质含量可能会改变土壤的 pH 值，尤其是水分蒸发后，残留化学物质积累在土壤中时，这在干旱地区很常见，是一个严重的问题。

通常情况下，雨水会将多余的矿物质冲进土壤深处，帮助土壤恢复到更适宜的酸碱度。但在某些地区，工业排放物污染了雨水，会影响土壤化学性质。如果空气污染物二氧化硫与大气中的水分结合，就会以亚硫酸溶液，即酸雨的形式降落到地面上，对结构简单的固氮细菌一直到树木都会带来毁灭性影响。

沿海湿地的土壤含有大量盐分，生长在该地的米草属（Spartina）植物面临着重大挑战。米草属植物根部有一层特殊的膜，可以在吸收水分的同时过滤掉大部分盐分。能够穿过薄膜的盐分被储存在细胞间隙内，并从细胞间隙的腺体中被挤压到叶片表面，盐分在叶片表面干燥后形成白色斑点，随后被雨水冲走。

无论是酸雨还是自然界中其他物质造成的土壤酸度增加，都会导致铝、锰、铁元素从土壤中释放出来，正常情况下它们对植物无害，但浓度过高时会逐渐毒害植物细胞。此外，游离的铝和铁元素还会使磷酸盐沉淀，影响根系对钙的吸收，由此，酸性土壤中的植物还出现了缺乏宏量营养素这一问题。

碱性条件下钼会释放出来，当钼的释放量达到一定程度就会对植物造成危害。此外，碱性条件下，磷酸盐会和钙结合，形成难溶于水的磷酸钙，根系无法吸收，同时锰和铁会形成紧密结合的配位化合物，导致铁元素无法被植物吸收。缺铁对许多物种来说是致命的，因此园艺工作者在碱性土壤中耕作时，必须通过螯合物来提供铁元素。螯合物是一种与铁相结合的可溶性有机化合物,可使植物获得铁元素,而不会产生毒害作用。螯合物最终会被微生物分解,两种常用的螯合剂英文缩写为 EDTA 和 EDDHA。

光合作用的场所:叶绿体

电子显微镜是 20 世纪最伟大的发明之一,能显示细胞结构错综复杂的图像,这些图像是细胞实际大小的数千倍。叶绿体是进行光合作用的场所,它与其他细胞器都具有十分精致的结构,以至于很难想象这些细胞器是如何形成的。

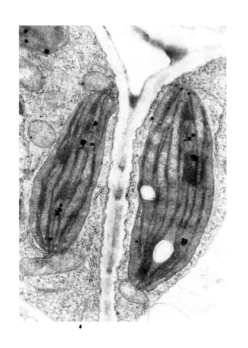

两个放大到实际大小 36800 倍的叶绿体。在每个叶绿体中,平行的长膜结构连接着小的垛叠基粒。叶绿素和其他色素都集中在基粒内。右侧的叶绿体含有两个淀粉体(浅色区域)。靠近叶绿体的长圆形细胞器是线粒体,是呼吸作用的场所。右下方是细胞液泡的一部分。

上方黑白照片显示了电子显微镜拍摄的两个叶绿体。这两个叶绿体分别位于两个细胞中,由细胞壁隔开。细胞膜包围着细胞器,形成横穿叶绿体的平行线。每个叶绿体中都有许多垛叠的薄膜,这些膜称为基粒(*grana*,单数形式为 *granum*),是叶绿素和其他色素所在的确切位置,这些色素能够捕获光,而光是植物的主要能量来源,从根本上讲,光也是所有生物的主要能量来源。

叶片色素

高等植物的叶片含有多种光合色素。叶绿素有两种形式，即叶绿素 a 和叶绿素 b，都呈绿色。胡萝卜素是一种橙黄色色素，在胡萝卜根部大量存在，叶黄素分子结构不同，颜色也会变化，从深浅不一的黄色到几乎无色不等。

叶片变黄时，只是失去了叶绿素，因为叶绿素可以掩盖胡萝卜素和叶黄素的橙黄色。某些物种还含有一种称为花色素苷的紫红色色素，花色素苷储存在细胞液泡中，因而不参与光合作用。斑叶因其固有的色彩图案而具有园艺价值，这些图案要么由单种色素形成，要么由多种色素以奇妙的方式组合而成。

彩虹的七彩奇观显示出太阳光有多种颜色，叶绿素能捕捉红光和蓝光，而胡萝卜素和叶黄素只能捕捉可见光谱中的蓝绿光。在红光、蓝光和蓝绿光的波长范围内，光能通过色素转移，用于合成营养物质。

只有给叶绿素提供其所需的蓝光和红光，人工照明才有效。理想的情况是，在使用发红光的白炽灯时，辅以发蓝光的荧光灯管。要达到与自然条件下相媲美的光合产量，需要多盏灯来提供高强度的光照，但必须注意防止热量过度积聚。

叶绿素分子在秋季分解，叶片显现出了胡萝卜素和叶黄素的黄色。有些叶片（如左图枫香树的叶片）在花色素苷的作用下变成了红色，为树木的多彩奇观画上了点睛之笔。

叶肉细胞中的各种色素单独或组合出现，形成了斑叶的固有色彩图案。图中展示的是吊竹梅（*Tradescantia zebrina*，左图）和新几内亚凤仙（右图）。

光转化为有机物中的能量

光、热和电是不同形式的能量，但是都无法储存起来供生物体利用。光合作用过程中，植物吸收光并将其能量转化为化学键，化学键将原子结合成分子结构，原子结合成分子的过程在本书前文已有介绍。地球上的植物群具有独特功能，可以利用充足的阳光，将其转化为富含能量、紧密结合的有机物分子，并大量贮藏起来。科学家们虽然能够将光能转化为电能，但是试图模仿光合作用过程却徒劳无功。

有机物分子，即碳水化合物（糖类和淀粉）、脂肪和蛋白质，含有许多化学键，每个化学键都代表着植物贮藏的一小部分能量。有机物在细胞的生化过程中被利用时，其化学键断裂，释放出能量：这些能量用于形成其他分子，如生长所需的纤维素和木质素分子；使染色体在不断进行有丝分裂的过程中有规律地运动；在韧皮部中运输营养物质；调节膜的通透性以及为无数其他细胞发挥功能提供能量。

所有生物都从有机物中获取能量，这一过程称为呼吸作用，发生在细胞的微小线粒体内。食物在高等动物体内消化后，富含能量的分子随血液进入体细胞。

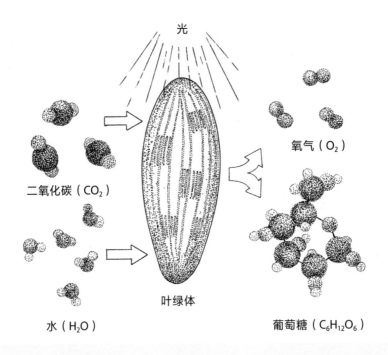

光

氧气（O₂）

二氧化碳（CO₂）

叶绿体

水（H₂O）

葡萄糖（C₆H₁₂O₆）

光合作用过程中，二氧化碳和水分子进入叶绿体。光将水分子分解为氢原子和氧原子。氧原子结合成氧气（O₂），氧气逸散到大气中。氢原子和二氧化碳结合成糖分子（图中显示的是葡萄糖分子）。

从食物中获取的能量可用于维持许多生理机能，如维持肌肉运动，通过神经系统传递信息。

自养植物对地球生命至关重要，只有自养植物才是太阳和其他所有生物之间的媒介。正是自养植物叶片中的微小叶绿体肩负起让整个生态系统运转的重任。

光合作用过程

叶绿体色素吸收阳光后，会发生一系列化学反应，在这些反应中，水和二氧化碳用于合成简单的分子，这些分子又用于合成分子结构更复杂的物质。

光合作用分为两个阶段：光反应阶段和二氧化碳固定阶段。在光反应阶段，叶绿素 b、胡萝卜素和叶黄素吸收光能，并将光能传递给叶绿素 a，叶绿素 a 的电子（带负电荷的亚原子粒子）被激发到高能级。在这种激发（活跃）态下，叶绿素 a 的电子转移到一个系统中，该系统可以获取并储存电子的能量，供后续合成糖类等物质时使用。叶绿素 a 失去电子后，很快就会从水的分解中重新获得电子，因此叶绿素 a 能够再次被激发，重复上述过程。水分子（H₂O）分解形成氢原子（H）和氧原子（O），用以提供电子。气态氧（O₂）是该反应的另一个重要终产物，通过开放的气孔逸散到大气中。令人吃惊的是，上述一系列事件瞬间就完成了。

在光合作用的第二阶段，即二氧化碳固定阶段，大气中的二氧化碳与二磷酸核酮糖结合，结合物分为两等分，加入光反应产生的氢气后，形成 PGAL（磷酸甘油醛）分子。PGAL 作为小分子构件，利用光反应过程中储存的能量结合成更复杂的分子形式。虽然二氧化碳固定速度比光反应过程慢，但在光进入叶肉组织几分钟内，就能合成数百万个 PGAL 分子。

气孔开放吸收二氧化碳，此时，叶片中的水蒸气必然会通过蒸腾作用流失。炎热干燥时，植物若不关闭气孔，就可能会大量失水，但气孔关闭后植物就无法进行光合作用。沙漠中的许多肉质植物在夜间凉爽时打开气孔，将二氧化碳储存在叶片中，在太阳升起时关闭气孔，随后利用储存的二氧化碳进行光合作用，从而避免了这种困境。

光合作用简图

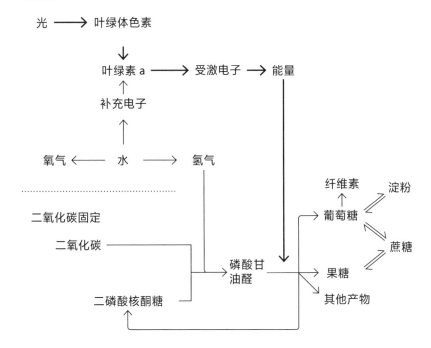

光合作用的化学产物

光合作用的最初产物是几种糖类，包括在这个过程中再生的二磷酸核酮糖，它随时准备重复二氧化碳固定的过程。其他糖类包括葡萄糖和果糖（二者的化学式均为 $C_6H_{12}O_6$，但分子结构不同），这两种糖可以结合成蔗糖（$C_{12}H_{22}O_{11}$），即用甘蔗和糖用甜菜制成的常见食糖。

成千上万个葡萄糖分子连接成长链，形成大分子物质淀粉和纤维素。虽然淀粉和纤维素的差异仅仅在于葡萄糖分子的连接方式不同，但二者的功能却迥然不同。淀粉是植物细胞中贮藏的主要营养物质。在植物需要能量进行呼吸或者需要将淀粉转化为其他物质时，可通过酶的专一作用将淀粉分解成葡萄糖分子。而纤维素一旦形成并组成细胞壁结构，通常就不会被分解以用作其他用途。葡萄糖的多种用途反映了大自然在分子水平上常规而又花样繁多的运作模式。

产生糖类之后，植物会发生各种生化反应，如将从土壤中吸收的矿质元素

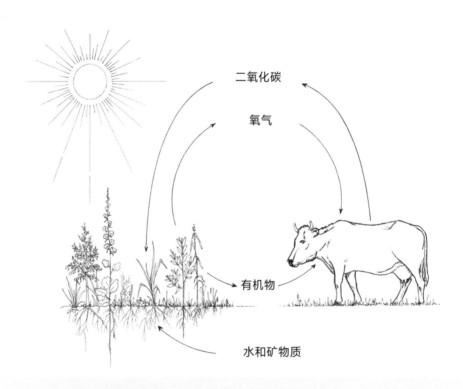

二氧化碳

氧气

有机物

水和矿物质

二氧化碳和氧气通过光合作用和呼吸作用在动植物之间进行交换。有机物是光合作用的主要产物，维系着所有生物的生命。

（如氮、硫和磷）用于构建某些分子的结构。在由此形成的成千上万种产物中，有几种已在本章和前几章中介绍过。光合作用和植物新陈代谢的简图只概括了光合作用的过程及结果。实际上，在科学文献中，有大量的篇幅用于详细介绍植物极其复杂的生化过程。

与空气进行气体交换

光合作用过程释放出氧气，将光能转化为能量，储存在有机物分子的化学键中，氧气与能量都对生物体的生长发育至关重要。例如，大多数生物体只能在有氧的情况下进行呼吸作用，该过程称为有氧呼吸。在这个过程中，这些生物体从外界吸收氧气，释放出二氧化碳。在光合作用中，气体交换的方向相反，植物吸收二氧化碳，释放出氧气。在两种气体的交换过程中，呼吸作用和光合作用相互补充、相辅相成。

植物新陈代谢简图

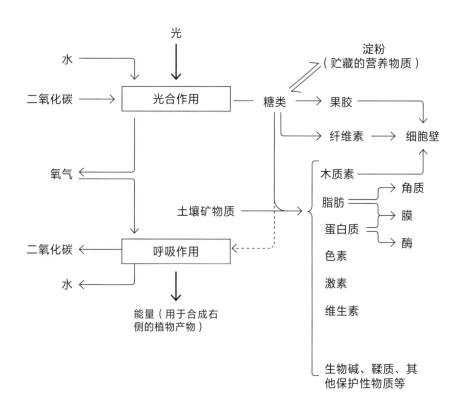

有些生物能在无氧的条件下呼吸，这种过程称为无氧呼吸。酵母就是这样一种生物，它们通过发酵过程将糖类分解成乙醇（C_2H_5OH）和二氧化碳。酵母发酵可用于生产酒精饮料，在制作面包的过程中，酵母发酵时释放出的二氧化碳会滞留在面团内，使其膨大。

氧气不仅对于呼吸作用非常重要，还是燃烧和生锈过程中不可或缺的气体。光合作用的一个重要作用是补充大气中的氧气，如果没有自养生物，氧气供应就会逐渐减少。

据推测，数百万年前，能进行光合作用的植物在数量上多于其他生物，这些植物吸收大气中的二氧化碳，释放出氧气，极大降低了大气中二氧化碳的浓度，目前含量是 0.03%。二氧化碳用于合成有机物分子，维持植物体的生长。古植物群死亡后，其残骸通过地质作用转化为化石燃料——煤、石油和天然气。大量二氧化碳以这些形式封存在地下沉积物中长达亿万年之久，直到我们将化石燃料作为能源，才开始将在大自然中封存了亿万年的二氧化碳释放出来。

燃烧化石燃料释放出了史前时代古植物捕捉到的阳光能量，但是，此做法也释放出了远古时代储存的二氧化碳。科学家警告，二氧化碳会导致"温室效应"，即地面接收太阳照射增暖后放出的长波辐射被大气中的二氧化碳等物质吸收，导致大气温度上升。如果像过去一样，植物没有遭到破坏，那么大量植物进行光合作用就可以吸收大气中的二氧化碳。但是，人类近来大肆破坏地球上森林和其他植物的行为违背了自然法则，对维持环境的稳定性来说是一个极大的隐患。

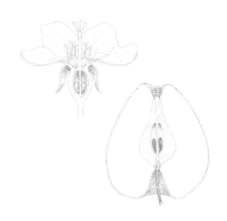

繁殖和遗传

繁殖策略

　　植物学家将花定义为一种为了繁殖而产生的变态嫩枝，这个定义园艺工作者听起来可能显得平淡无奇，与杂交玫瑰或热带兰花的美丽格格不入。但事实上，花朵就是一种短枝，长着特别进化出的叶子，繁殖是花朵的唯一使命。撇开伪装不谈，大多数花朵都毫不羞涩地展示着自己。花瓣鲜艳、形状奇特，与不起眼的树叶形成鲜明对比，吸引昆虫和其他小动物前来一探究竟。空气中弥漫着花的味道，无论是吸引蜜蜂的甜美芬芳，还是引诱腐肉苍蝇误入的腐肉味。花瓣构成了一个便于昆虫落脚的平台，供其飞行后休息。当这些小动物受到诱惑，想深入探究花朵的结构时，它们就会不知不觉地成为植物繁殖过程中的助手。

　　并非所有花朵的外观和结构都是为了吸引昆虫和其他小动物。有些被子植物的花朵，如禾本科植物的花朵，并不显眼，它们像松球、蘑菇和苔藓上的小孢蒴一样，通过风而不是动物来传播繁殖产物。与艳丽但转瞬即逝的花朵相比，这种不起眼的结构在生长时，消耗的储备能量和营养物质更少，而且无须通过复杂的生化途径来产生鲜艳的色素和奇特的香味。

　　无论繁殖结构的形态或策略如何，其功能都是相同的。繁殖是生命（生物体的神秘属性）代代相传的手段。后代的生命始于父母的生殖细胞，细胞中的遗传指令决定了后代终生的生长潜能、生长模式、生理活动以及物种特有的适应性。到了成熟期，生物体将父母的馈赠遗传给自己的后代，此时繁殖过程就完成了。

生殖细胞

植物会产生两种不同类型的生殖细胞。第一种是尘埃般微小的颗粒，从蕨类植物叶片背面的褐色斑点或苔藓的孢蒴等处产生，称为孢子。在最适宜的条件下，每个微小的单细胞孢子不断进行有丝分裂，发育成多细胞植物。第二种生殖细胞在有性生殖过程中形成，有性生殖是一种更为复杂的繁殖系统，因为它需要将种群分为雌雄两种类别，或者至少在单株植物上发育出明显的雌雄结构。生殖细胞或称配子（gamete）[①]无法像孢子一样可直接发育成新植株。在有性生殖过程中，精子（雄配子）与卵子（雌配子）结合成一个细胞，即合子（zygote）[②]。合子开始不断分裂，形成多细胞生物体。

有性生殖过程固有的一个重要问题是，如何将精子传递给同一物种的卵子。由于大多数原始植物都生活在水中或潮湿的陆地环境中，因此水为精子提供了介质，精子可在其中游动。卵子则静止不动，待在孕育着它的繁殖结构中。在卵子释放出能够吸引精子的化学物质时，精子就更容易找到可配对的卵子，据说每个物种的化学物质都具有特异性。许多陆地环境中，生物繁殖时水分并不充足。因此，裸子植物和被子植物为了确保将精子成功传递给卵子，精子要通过充满液体的花粉管来移动，以便第一时间与等待受精的卵子接触。生殖过程对每个物种的延续都至关重要，这一过程已经进化到了极其精确的状态。

一些原始物种仅通过孢子进行繁殖，其他物种则仅通过有性生殖方式来延续后代。不过，在大多数植物的生命周期中，配子在一个阶段形成，孢子则在另一个阶段形成，被子植物就是这样一个例子。孢子是原始物种繁殖和传播到新环境的主要单位。然而，在裸子植物和被子植物的进化过程中，种子取代了孢子，成为传播和繁殖的结构。休眠状态下，孢子和种子都适合在长期干燥的环境中生存。但在萌发时，由于种子具有未完全发育的植株（胚）和营养物质贮藏组织，可以减少幼苗对外界有机物和矿物质来源的依赖，因此能够比孢子更迅速地生根

---

① gamein 在希腊文中意为"相结合"。
② zygotos 在希腊文中意为"结合体"。

发芽。

大自然的悖论在于，虽然生物个体存在的时间是有限的，但它们却能够长期延续生命，这一壮举通过繁殖过程来完成，繁殖过程从简单的细胞分裂（如单细胞生物的细胞分裂）延伸到被子植物复杂的繁殖方法。被子植物的繁殖将在后文详述。

花的组成部分及其功能

如果经常与植物打交道，你就会不由自主地注意到它们展现出的繁殖周期。起初，园艺工作者可能会注意到一些茎尖与往常"略有不同"，或者腋芽似乎在一夜之间变得格外肥壮。这些微妙的变化表明繁殖正在顺利进行，实际上，也许是受光周期的影响，花朵发育的生化过程在这之前的一段时间就已经开始了。

随后几天，明显可辨的花蕾开始成形。虽然花蕾仍由绿色的鳞片紧紧包裹，但积蓄了大量能量，越长越大，在鳞片再也无法包裹的时候，花蕾就会绽放开来，层层叠叠的精致结构在每朵开放的花上展开，但这样的辉煌是短暂的。很快，脆弱的花朵结构就会枯萎、凋零。随后，花朵中最不显眼的中心部位逐渐增大，成为果实，肩负起繁殖的重任，果实是一种孕育种子的保护性结构。

经过花蕾的定型，花朵变得精致美丽。在花柄或称花梗（*pedicel*）[①] 的顶端，一个顶端分生组织分化形成了花的结构，并将其排列成螺旋状或环状（轮生体）。承托花的茎尖称为花托。一朵完全花包括萼片、花瓣、雄蕊和雌蕊四部分，花的最外轮，即花萼，由几片萼片组成，萼片通常是花蕾周围的临时保护鳞片。在花瓣展开时，萼片可能会因花朵的开放而脱落或向后卷曲。花朵的四个组

萼片在玫瑰花蕾周围形成了保护层，在花瓣即将展开时向后折叠。

---

① *pedicel* 来源于拉丁文，意为"小脚"。

（左图）在纯白色花瓣的衬托下，百合花的繁殖部位（含有大量花粉的花药和淡绿色的雌蕊）清晰可见。（右图）番石榴花的雄蕊色彩鲜艳，坚硬的雌蕊位置很容易接触到传粉昆虫。

郁金香花的萼片和花瓣之间没有明显区别，因而其彩色部分称为花被片。

花的组成部分

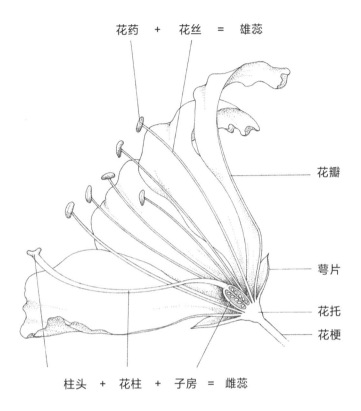

花药 ＋ 花丝 ＝ 雄蕊

花瓣

萼片

花托

花梗

柱头 ＋ 花柱 ＋ 子房 ＝ 雌蕊

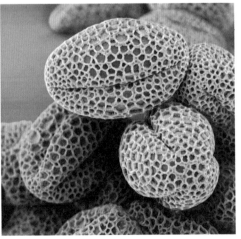

向日葵（左图）和连翘（右图）花粉粒的扫描电子显微镜图像。

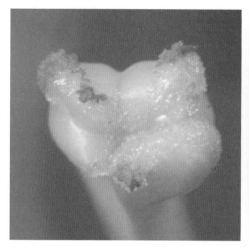

（左图）花粉粒黏附在百合花的黏性柱头上。（右图）郁金香花子房横切图，子房内含有未完全发育的种子，即胚珠。

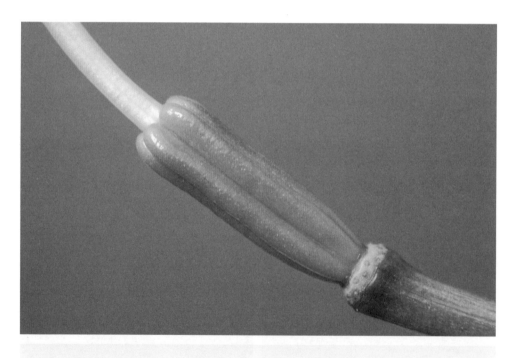

子房是雌蕊的基部，可发育成果实。

龙骨葵属（*Sarcocaulon*）
植物的辐射对称花（左图）
与两侧对称的兰花（下图）
形成鲜明对比。

成部分缺少一个或几个都称为不完全花。

　　花冠由一层或多层花瓣组成，是花朵最耀眼的结构，能吸引过往昆虫、鸟类和行人的目光。花萼和花冠共同组成花被，花瓣可能呈白色或鲜艳的颜色。一些物种的萼片还可能具有除了绿色以外的颜色。花色通常与花朵想要吸引的传粉动物类型有关，蜜蜂往往被蓝色和紫色吸引，蜂鸟则被红色吸引，但并非完全如此。一些物种的花被仅由一轮称为花被片的变态叶组成，例如，郁金香的花被片就是由绿色的变态叶在发育过程中变为其他颜色而形成的。

　　每个雄性繁殖结构（雄蕊）都由一种丝状结构（花丝）组成，每个花丝顶端都有一个花药。花粉在花药内发育，花粉粒细小如尘，含有两个细胞，其中一个最终会分裂成精细胞。只有在高倍显微镜下，才能看到每种被子植物花粉的独特形状和花粉壁的精美结构。花粉壁非常抗腐，容易形成化石，埋藏了数千年的花粉化石为我们研究世界各地古代植物群提供了重要线索。

花朵的雌性繁殖结构为雌蕊，分为三部分：柱头、花柱和子房。柱头位于雌蕊的顶部，是黏性的受粉面，花粉容易被粘在上面；细长的花柱支撑着柱头，使其处于有利于收集花粉的位置；子房位于雌蕊基部。子房最终会发育成果实，子房内含有一个或多个未完全发育的种子，即胚珠，每个胚珠内都含有一个等待着受精（见后文"繁殖过程"一节）的卵子。

花朵各部分尤其是花瓣的形状和颜色变化无穷。萼片、花瓣和花被片可以独立存在，如三色堇和罂粟花；也可以部分结合成管状，如毛地黄和吊钟柳的花冠；或结合成奇特花型，如许多兰花品种。黄水仙和其他水仙（*Narcissus*）物种的花冠筒形成了一个显著的冠状突起，称为副花冠。

百合、番红花和勿忘我等物种的花被片围绕花朵的中心对称排列，有如车轮的辐条，这是一种辐射对称（*actinomorphic*）[①]排列方式。金鱼草、香豌豆和鼠尾草的花朵则是两侧对称花。花朵的形状是植物学家将被子植物分为科、属和种的重要特征，每朵花中各个组成部分的数量、排列方式和大小也是重要的特征。

大多数园艺工作者熟悉花朵各个部分的名称，但可能不清楚这些名称的词源。花萼和萼片都来源于希腊文"遮盖物"。花冠在拉丁语中意为"小皇冠"，而花瓣在希腊语中意为"薄板"。雄蕊在拉丁语中意为"丝线"，形似立式织布机中的经线。花药在希腊语中意为"花朵"，花被的字面意思是"围绕着花朵"。雌蕊在拉丁语中意为"杵"，指的是二者形状的相似之处。柱头在希腊语中意为"斑点"，花柱在拉丁语中意为"唱针"，它是一种窄而尖的工具，如刻针。子房在拉丁语中意为"卵子"，胚珠在拉丁语中意为"小卵子"，这两个名称广泛使用，指的是子房和胚珠的大体形状。

动物传粉

昆虫或其他小动物被花朵的颜色、形状或香味吸引，可能会成为传粉（花粉传送）的媒介。在某些物种中，特定的传粉访客是完成传粉的唯一途径。花药位于柔韧的花丝顶端，将花粉撒落在传粉动物身上，传粉动物在不同花朵之间穿梭时，身上的一些花粉会碰擦到这些花朵的柱头上。不过，要想这种方法奏效，花

---

① *actinos* 在希腊文中意为"射线"。

（左图）如果一品红的黄色小花下方没有艳丽的红色变态叶，即苞片，就不会引起传粉动物的注意。（右图）三角梅的白色小花同样不起眼，但它们在色彩鲜艳的苞片衬托下就显得格外耀眼。

（上图）金银花的花蜜位于长花管底部，只有长吻昆虫才能接触到。

（左图）火炬花（*Kniphofia* spp.）的小花呈长管状，非常适合原产于撒哈拉以南非洲地区的太阳鸟传粉。

药和柱头都必须处于有利位置，以便在动物探索花朵时与之接触。

　　不同物种之间的花朵结构存在许多差异，如整体形状以及雄蕊和雌蕊的确切位置不同，这些都是自然选择的结果。为了能与传播花粉的动物体形相匹配，许多花朵都经过了精确的进化。有些花朵具有特殊的形状，它们只能由特定种类的蜜蜂、黄蜂或苍蝇传粉，这种依赖关系充满了不确定性，如果传粉昆虫灭绝，植物物种的生存希望就会变得非常渺茫。

　　与风或流水的随机传粉相比，动物传粉更为迅速、直接和具有确定性。例如，蜜蜂和蜂鸟会在花朵之间快速穿梭，因此能够在花朵枯萎、柱头无法接受花粉之前将花粉传播出去。昆虫，即便是体形最小的，似乎都喜欢在同一物种的花朵之间来回飞行，这为成功传粉提供了必要条件。

蜜源标记和回报

　　传粉动物为植物的繁殖提供了帮助，也因此获得了它们赖以生存的食物作为奖励。由此，自然界最奇妙的伙伴关系之一，即共生关系得以建立。一些花粉可能会被甲虫等昆虫吃掉，或者被蜜蜂带回蜂巢喂养幼蜂，但更重要的是，传粉昆虫在试图接触蜜腺的过程中，会不经意间粘上并传播花粉，蜜腺是花瓣、雌蕊和雄蕊基部的特殊腺体，会分泌出营养丰富的花蜜液滴。

紫葳属植物（上图）和毛地黄（左图）花朵的色彩图案对比鲜明，可为传粉昆虫提供蜜源标记，传粉昆虫采食这些花朵时无须在寻找花蜜上浪费时间。

对于野胡萝卜（*Daucus carota*）等伞形科物种的小花，花蜜在开放的花朵底部清晰可见，像一滴闪亮的水珠，蚂蚁和短吻昆虫（如苍蝇、黄蜂和甲虫）很容易就能采到这种花蜜。其他物种的花朵通常把花蜜藏在深杯状或喇叭状花朵底部。花蜜也可能藏在花朵管状突起的底部，昆虫更加难以触及，这些管状突起称为花距，是楼斗菜（*Aquilegia* spp.）的特色，这种花蜜只有长吻昆虫（蜜蜂、熊蜂、蝴蝶和飞蛾）或长有长舌的蜂鸟才能采到。

隐藏花蜜的物种对传粉者增加了一些挑战。为了采食花朵中隐蔽的花蜜，传粉者有时不得不采取扭曲的姿势，触发弹簧机制，或者朝某个一定会触碰到花朵繁殖部位的方向移动。在享受花蜜时，蜜蜂可能要倒挂在某些花朵上，此时其腹部便会粘上花粉。山月桂（*Kalmia latifolia*）等物种的花丝如压缩的弹簧，当传粉昆虫触碰到花丝上的花药时，就会触发弹簧机制，全身粘满花粉。许多兰科植物的花朵结构十分复杂，昆虫被引诱到一个微小的开口后，必须穿过许多腔室或管状结构，在这个过程中，昆虫身上的花粉被刮下，并且昆虫会粘上新的花粉。蜂鸟在垂坠的花朵下方优雅地穿梭，此时，其羽毛粘满了花药上的黏稠花粉。

许多物种花朵的下层花瓣构成了着陆的平台，昆虫在平台上落脚后，很容易就能找到甜美的食物并传播花粉。花瓣上的色彩图案称为蜜源标记，是虚拟的路线图，能够指引访问的昆虫穿过等待传粉的雄蕊和雌蕊，找到甜美的食物。对比鲜明的色彩条纹、一排排圆点、星形图案或花朵中心的绚丽色圈，都为昆虫提供了视觉线索，昆虫本能地跟着这些线索，找到花蜜。有些花的色素能够反射紫外线，紫外线是许多昆虫可以看见但人类看不见的光波。如果蜜源标记含有这些色素，花朵上奇妙多彩的图案会令传粉昆虫倾倒，而我们却无缘一睹。

花序

有些花（如郁金香）单独生长在直立的花茎上，有些花则成簇或成花序生长，此处将介绍其中的几种花序类型。许多人误认为头状花序是单朵花，菊科（Asteraceae，曾用名 Compositae）中的雏菊及其亲缘植物就常常被误认为是单朵花的头状花序。典型的头状花序中央有一簇心花，心花周围有一圈边花，边花的花瓣明显，呈带状。通常情况下，边花没有繁殖能力，只起吸引传粉昆虫的作用。在杂交菊花和大丽花等菊科品种中，花序中的边花和心花没有明显区别。

花序的形状通常与传粉动物的行为有关，如蜜蜂或蝴蝶的接近和着陆行为，或者夜蛾、食蚜蝇或蜂鸟的盘旋行为。伞形花序和头状花序有许多小花，是小型

在穗状花序中，小花附着生长在主茎上，没有花柄，如老鼠簕属（*Acanthus* sp.）。

在总状花序中，小花通过短柄与主茎相连，如金雀花（*Genista racemosa*）。

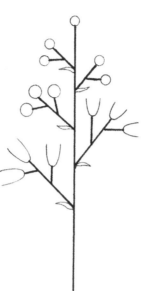

圆锥花序是
一种高度分枝的
花序，如秋海棠
属（*Begonia* sp.）。

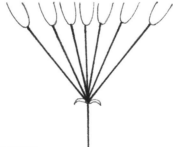

在伞形花序中，
花柄从茎顶端的一个
点长出，如百子莲
（*Agapanthus africanus*）。

头状花序是由许多紧密排列的小花组成的花序，如向日葵（*Helianthus annuu*）。

（上图）在除虫菊的花序中可以清楚地看到单个心花。

（左图）马蹄莲（*Zantedeschia aethiopica*）是一种肉穗花序，雄花和雌花分别生在称为佛焰花序的中心柱上。小小的雄花呈橙色，雌花的子房呈淡绿色。佛焰花序由一种称为佛焰苞的白色变态大叶片（苞片）包围。

昆虫的理想着陆平台，而从高大、单生的穗状花序和总状花序上伸出的较大花朵则是蜂鸟的最爱。

有些花序具有大量花蜜和方便鸟类觅食时抓握的栖木，以吸引鸟类。蝙蝠在夜间觅食，它们不是通过视觉而是独特的声音系统导航。因此，蝙蝠传粉和觅食的花朵都集中生长在单独的枝条上，这些枝条远离植物茂密的树叶，否则蝙蝠可能会被困在树叶中。

风和水传粉

虽然风媒花很不起眼，在田野和花园里经常不被注意到，但它们的结构同样精妙，以实现繁殖目的。最常见的情况是，大量花朵簇拥在高高的树枝上，干燥的花粉可以从此处随风飘散，落到花序中那些等待着花粉的柱头上。在禾本科植物中，花药悬挂在颤动的花丝上，从微小花朵中伸出的柱头大得不成比例，每当花梗在微风中摇曳，柱头就会像羽毛一样在空中飘摇。

（上图）草的柱头就像精致的白色羽毛，随时准备捕捉风媒花粉。

（右图）在风媒草的花序中，单个小花个体较小且不显眼。褐色的花药悬垂在花朵精细的花丝上。

在风媒物种产生的大量花粉中，只有一小部分会落在合适的花朵上。风速和风向都具有不可预测性，我们很难理解物种是如何依靠这一环境因素完成繁殖的。但它们的确做到了，而且数百万年来一直依靠这种方法成功繁殖。

裸子植物是最古老的花粉生产者，其花粉由风传播，可以理解。花粉粒如同黄色尘埃一般，从裸子植物簇生的雄球花中散落下来。裸子植物的传粉机制在昆虫出现之前就已经进化形成，至今未变。尽管动物传粉具有许多优势，但对于许多单子叶植物，即最高等的被子植物类群来说，风是常见的花粉传播方式，这些类群包括禾本科、莎草科（芦苇和莎草）以及灯芯草科植物。山毛榉（*Fagus* spp.）、栎树（*Quercus* spp.）、桦树（*Betula* spp.）、榆树（*Ulmus* spp.）等树木都是风媒双子叶植物，这些树木都会开出不起眼的小花，有时会开出具有柔荑花序的松球状花，比如桦树和榛树（*Corylus* spp.）的花。

水生被子植物需要产生大量花粉，其花粉靠水传播，大部分花粉难免会遭到浪费。苦草（*Vallisneria spiralis*）是最有趣的例子之一，它是一种常见的水生植物，雌花长在直达水面的长花茎上，雄花自水下花序脱落，像小帆船一样浮生在水面上开放。在微风的吹拂下，一些雄花最终会与雌花接触并传递花粉。鳗草（大叶藻属 *Zostera* spp. 和虾海藻属 *Phyllospadix* spp.）是海洋被子植物，着生在许多海岸边的岩石上。鳗草的花粉与众不同，呈线状，被海浪卷到雌花柱头上时，会缠绕在其上。

其他传粉方式

有性生殖只能在同种植物之间进行，如果异体花粉落在柱头上，就无法将精子传递给卵子。据一些研究，花朵可以从花粉粒的形状和化学成分中获得线索，得知异体花粉与自身雌蕊之间存在不亲和性。

有性生殖产生的深远影响在于杂交带来的选择性优势，杂交是指来自同一物种不同亲本的配子结合后形成的基因重新组合。很多有花植物演化出了复杂机制，有利于异花授粉和随后的杂交（远交）。这些机制包括自交不亲和性，即柱头中的化学屏障将植物的自体花粉视为异体花粉；在两性花中，花药和柱头在空间上的分离；或在每朵花中，花药释放花粉和柱头接受花粉时间的错开。

如果雄花（只有雄蕊）和雌花（只有雌蕊）分别开在同株植物或不同株植物上，也能确保异花授粉。如果一株植物同时开有雄花和雌花，则称为雌雄同

（左图）秋海棠的雄花上有一簇黄色雄蕊。（右图）秋海棠的雌花中，雌蕊的黄色柱头和花柱与隐藏在花被下方的子房相连。

株（*monoecious*）[1]。雌雄同株的植物有玉米（*Zea mays*）、胡桃（*Juglans* spp.）、榛树（*Corylus* spp.）、甜瓜（*Cucumis* spp.）、南瓜（*Cucurbita* spp.）等。在雌雄异株（*dioecious*）[2] 物种中，雄花和雌花分别由不同的植株开出。雌雄异株的植物有柳树（*Salix* spp.）、椰枣树（*Phoenix* spp.）、开心果树（*Pistacia vera*）等。

花粉的传递十分重要，因而有些物种具有自花授粉的备用授粉机制，以便在无法进行异花授粉时利用，如在昆虫不活跃的微凉天气中，物种就通过这一备用机制授粉。在这种情况下，自体花粉不会被柱头视为异体花粉。虽然自花授粉无法通过杂交实现遗传多样性，但作为权宜之计，自花授粉比完全不繁殖更可取。

自花授粉的一些机制包括雄蕊的花丝逐渐卷曲，花药最终碰擦到柱头上，旱金莲（*Tropaeolum majus*）就是实例。有一些物种的花丝可能会伸长并将花药悬垂到柱头上，或者花柱的移动可能会使柱头与花药接触。毛地黄（*Digitalis* spp.）的花朵中，雄蕊与钟状的花冠相连，花期结束时，花冠开始脱落，花药可能会接触到雌蕊，从而传递花粉。

虽然许多物种的成熟花朵在各种环境条件下都会开放，但也有少数物种会保持闭花状态，并在低温或特定光周期条件下进行自花授粉，这种情况称为"闭花受精"，字面意思是"封闭的结合"。闭花受精植物无须吸引昆虫，在生长不良

---

① *mono* 在希腊文中意为"一个"，*oikos* 意为"家庭"。
② *dioecious* 意为"两个家庭"。

时期无须进行大量代谢活动来产生花蜜，节省了能量。例如，岩蔷薇属（*Cistus* spp.）和鼠尾草属的某些物种在寒冷气候条件下保持闭花状态，而紫罗兰属（*Viola* spp.）的几种植物则在漫长的夏季闭花，在春季开放，开放的花朵由昆虫传粉。

许多花朵在夜间、雨天或阴天保持闭合状态，只是为了保护花粉免受潮湿影响，未必是进行自花授粉。不过，日落后开放的花朵却是为了让夜间动物传粉。这些花的颜色很淡，在昏暗的光线下清晰可见，它们大多数会在黑暗中散发出最浓郁的芳香。仲夏之夜，金银花或夜茉莉绽放的花园里，人们与夜蛾都沉醉于四溢的甜香之中，满心欢喜，夜蛾被吸引后，不由自主地飞向等待传粉的花朵。

繁殖过程

如果亲和性花粉通过某种方式落在花朵的柱头上，植物就为繁殖过程做好了准备。花粉粒的两个细胞中的一个会发育成一根长管，即花粉管。在柱头和花柱提供的营养物质和激素的促进作用下，花粉管迅速生成和生长。花粉管会扎进雌蕊的组织，寻找子房中某个胚珠的微小开口。至于花粉管是如何找到胚珠的微小开口的，植物学家至今仍尚未了解，也未知晓究竟是何种神秘因素让多条花粉管分别进入不同胚珠中。

花粉粒的另一个细胞会分裂成两个精子，精子通过花粉管进入胚珠。在花粉管和精子到达胚珠之前，每个胚珠都必须含有一个卵子，以便立即受精。其中一个精子与卵子结合，形成一个合子。另一个精子则与胚珠中的另一个细胞结合，形成一种临时的营养物质贮藏组织，称为胚乳，合子发育为胚（种子中的雏形植株）时，胚乳可为其提供营养物质。种子中可能会保有部分胚乳，以便在发芽期间为生长的幼苗提供营养物质。

随着逐渐发育和成熟，胚珠会成为种子，种子仍然包裹于子房中，子房逐渐增大，最终成为果实（*angeion*）[①]，*angeion* 是被子植物正式名称 *angiosperm*[②] 的一部分。大多数果实和种子都通过授粉和受精产生。显然，胚和种子的发育会刺激赤霉素等激素产生，从而促进果实增大。如果花粉管只将精子输送到雌蕊某一侧的胚珠中，果实就会仅在该侧增大。园艺工作者对这种偶尔产生的奇形怪状的果

[①]　*angeion* 在希腊文中意为"容器"。
[②]　*sperma* 在希腊文中意为"种子"。

花朵中卵子的受精过程

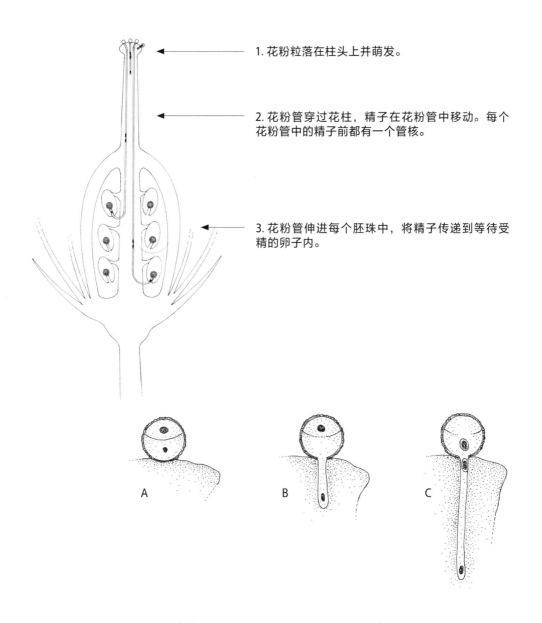

1. 花粉粒落在柱头上并萌发。

2. 花粉管穿过花柱,精子在花粉管中移动。每个花粉管中的精子前都有一个管核。

3. 花粉管伸进每个胚珠中,将精子传递到等待受精的卵子内。

A　　　　B　　　　C

　　花粉粒的萌发。(A)含有两个细胞的花粉粒落到柱头上。(B)其中一个细胞的细胞核控制着花粉管的生长。(C)花粉的另一个细胞分裂成两个精子,精子沿花粉管向下移动。

　　每朵葡萄柚花的花心都有一个轮廓分明的雌蕊。卵子受精后，花朵的大部分结构脱落，只剩下绿色的子房，它位于由萼片形成的微小杯状结构中。

实并不陌生。

无籽果实和不寻常的胚

　　不经过授粉和受精的刺激，或不经过种子发育的情况下，少数物种依然能结出完整的果实，这种情况称为单性结实（*parthenocarpy*）[1]。单性结实的果实有脐橙、香蕉、东方柿、菠萝等，但并非所有无籽果实都是单性结实的。无籽葡萄在授粉和受精后发育，但胚很快就会败育，种子无法增大。无籽植物只能通过营养繁殖方式（包括扦插和嫁接）来延续后代。

　　正常情况下，胚是由受精卵（或称合子）经过多次细胞分裂后形成的。然而，在柑橘和其他一些物种中，除了受精卵之外，胚珠中的某些细胞也能够发育成可存活的胚。因此，无须受精，这些物种也能繁殖，由胚珠中细胞发育

---

① *parthenos* 在希腊文中意为"处女"，*karpos* 意为"果实"。

成的植株在基因组成上与母本植株相同。这种不寻常的现象称为无融合生殖（*apomixis*，在希腊文中可粗略地译为"与众不同的混合体"）。

果实类型

一些物种的子房会发育成果壁，即果皮，随着种子散播时间的临近，果皮变得越来越多汁、柔软。桃、杏、李、樱桃等果实的外层会变得柔软可口，而作为果皮的一部分，果核则非常坚硬，内含果实的单粒种子。有些物种的果皮可能会干枯并沿着清晰的缝隙裂开，如同豌豆荚在豌豆藤上成熟时裂开那般。有些干果（如罂粟果）的种子则通过微小的开口散落，就像从盐瓶中撒盐一般。还有一些干果（如橡子和榛子）则会变得坚硬并保持闭合状态，其种子只有当果皮在土壤中部分腐烂后才能萌发。

大多数肉质果实的可食用部分都是果皮组织，果皮组织由花朵的子房壁发育而成。但有些情况下，果实由花瓣和萼片或膨大的花托发育而来。例如，苹果和梨的花被基部形成管状结构，与子房两侧融合在一起，花朵发育成果实的过程中，增大的不是子房壁，而是花被筒（与花瓣和萼片相连的长筒状部分）。草莓花的每个花托上都长有许多雌蕊。草莓果实成熟时，花托增大到起初的多倍，花托变软，并且变成鲜红色。成熟的小子房（真正的果实）长在花托的表面，每个

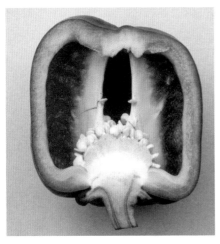 

（左图）辣椒的果壁，即果皮，成熟时变得柔软多汁。种子可在辣椒的大空腔中发育。（右图）有些果实在成熟时变得干燥易碎。罂粟种子从罂粟果顶部的小孔中散落。

子房都含有一粒种子。

　　为了对各种类型的果实进行分类，植物学家根据果皮结构、种子传播方式以及果实发育模式等特征制定了一套详尽的分类系统。这套系统的最基本分类标准如下：单果由只有一个子房的花发育而来，单果有番茄、橙子、葡萄、甜瓜、桃

　　草莓的花托上长着许多雌蕊，花托是花朵中心的一个绿色半球状物。花托逐渐增大，成熟时成为美味可口的果实。

苹果由花被筒发育而来

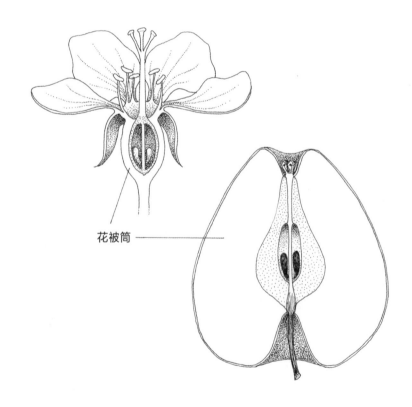

花被筒

（上图）博伊森莓聚合果的每个汁囊由独立的子房发育而成，这些子房分别在不同的花朵中形成。

（左图）菠萝是一种复果，由多个子房融合而成，每个子房来自花序中的不同小花。

子等；聚合果由具有多个子房的花序发育而来，聚合果是单个花托上结出的许多小果实的集合，包括黑莓、树莓、草莓等，黑莓和树莓的每个汁囊都是独立的果皮；复果的典型例子是菠萝，菠萝表面的区块实际上是独立的果皮，每个果瓣由只有一个子房的花发育而来。大量的菠萝花围绕着花茎开放，果实成熟时，果瓣融合成了可食用的整体结构。

种子传播

将种子从母本植株上传播出去，传播到幼苗可以生长且无须争夺光照、水分和土壤养分的地方，这是植物繁殖过程的最后一步。种子在散播之前一直受到果实的保护。成熟的果实干燥开裂时，种子可能会被摇出或弹出。例如，槲寄生（*Arceuthobium*）的微小黏性种子会像子弹一样，从小果实顶端的孔中以每秒约25米的速度被强行弹射到约15米高的空中。沙盒树（*Hura crepitans*）的干果剧烈爆炸时，种子会以约每秒70米的速度飞散。

果实脱离母本植株后，包裹在果实内的成熟种子可能会滚下山坡，也可能会被风、水或动物带到其他地方。果实腐烂或干燥裂开时，种子最终会被释放出来。

枫树（*Acer* spp.）和白蜡树（*Fraxinus* spp.）的果实长有翅膀，有助于其在飞行过程中旋转。有些小果实，如蒲公英（*Taraxacum officinale*）的果实，通过羽毛般轻软的降落伞飘浮在半空中，得以广泛传播。许多兰科植物会产生大量小如尘埃的种子，种子通常随风散播到很远的地方。通过水传播的种子和果实都有充满空气的空腔和防水的外壳，如椰子的纤维质外壳可使包裹着单颗大种子的沉重果实具有足够的浮力，果实可以在洋流中漂浮数英里（1英里约合1.6千米）。

（左图）蒲公英的每个果实都含有一粒小种子，并带有一把小降落伞，可以随风飘散到很远的地方。（右图）枫树果实上长有翅膀，可促进风力传播。

椰子的果实具有浮力，可在水中漂流很远的距离，椰子被冲到岸上后，种子就会发芽。

（左图）诱人的红色浆果（如图中柳叶石楠的浆果）通常含有坚硬的小粒种子，这些种子在经过鸟类消化道的过程中不会受损，因而得以传播。（右图）苍耳（*Xanthium*）种子外表皮有大量倒刺，可钩住路过动物的皮毛。

种子或果实上的钩刺是它们钩住路过动物皮毛进行传播的有效工具。无论是钩住动物的皮毛还是卡在动物的脚上，种子或果实都有可能传播一段距离后才掉落或被刮掉。一些种子（如槲寄生的种子）上覆盖着黏性物质，一直黏附在鸟类的脚和羽毛上，在鸟类整理羽毛时种子才会刮擦到树皮上。类似的是，沼泽植物的种子落入泥巴后，也会黏附在水禽身上，得以传播。如前所述，种子在经过动物肠道的过程中不会受损或许是种子萌发以及物种传播的一个重要因素。此外，动物消化果实后可获得营养，这会促使它们吞食和传播更多种子。

繁殖的代价

植物储备的营养物质有很大一部分都用于繁殖。自然栖息地中生长的一年生植物用于开花结实的营养物质平均为总量的 20%~30%，多年生植物为 10%~15%。营养物质或水分不足会威胁植物的生命，这会促使许多植物将更多营养物质（达到 50% 或以上）用于繁殖，以确保物种的延续。

相对于植物的大小而言，繁殖结构越大，在繁殖前数月或数年的营养生长期间，植物需要贮藏的营养物质就越多。产生花朵、花蜜、花粉、果实和种子都要消耗大量能量。即便是裸子植物，产生球果、大量花粉特别是数量巨大的种子也要消耗很多营养物质和能量。不过，由于松树、雪松或红杉具有顽强的生命力，它们每年产生种子并不会对自身造成无法修复的损伤。

一年生植物则不然，它们在产生种子后会死亡，部分原因是繁殖过程影响了其新陈代谢系统。同样，一些大型多年生被子植物在种子脱落后生命就结束了，世纪植物龙舌兰（*Agave* spp.）就是一个很好的例子，它在生长了 6 ~ 15 年后，只结出一个高耸的花序，随后便死亡了。龙舌兰的"牺牲"表明植物愿为物种延续与生存付出巨大代价。

遗传学：研究遗传的学科

家庭团聚是我们观察自然界遗传系统运作的绝佳机会。祖父母、外祖父母、父母及其孩子、堂兄弟姐妹、表兄弟姐妹、姑姑、阿姨、叔伯和舅舅都通过基因与共同的祖先联系在一起，基因是遗传的分子单位，由细胞核中的染色体携带。家族中独特的发色、瞳色、面部特征以及其他特征都见证了基因通过繁殖过程代代相传的持久性。生理特性也是如此，其中一些表现为反复出现的遗传性疾病。

植物谱系可以通过相似性来追溯，比如花的形状、种子的颜色、植株的大小、耐寒或耐旱性、独特的生化产物等。每种植物或动物的特征都由一个或一组特定的基因决定。基因通过有性生殖过程重新组合，此时，新的基因组合赋予了后代可辨别的家族特征以及明显的个体特征。这一点在人类身上得到了最好的诠释：几种共同特征在随机组合后，每个家庭成员既具有家族相似性，又具有明显区别于其他家庭成员的显著特征。

相较于人类而言，在植物身上追踪基因混合的潜在机制更加容易，因为我们可以通过选择具有特定性状的亲本来控制植物的杂交，而且可以在相对较短的时间内培育出几代植物，尤其是一年生物种。一名观察敏锐的园艺工作者能够从植物重复出现的遗传模式中率先发现遗传学的基本规律，这不足为奇。奥地利修道士格雷戈尔·孟德尔（Gregor Mendel，1822—1884）对修道院花园中普通豌豆的杂交进行了仔细研究，并对实验结果作出了创新性解释，这成了科学史上公认的最伟大的个人研究成果之一。孟德尔遗传学是生物科学研究中的一次革命，为达尔文提出的观点，即"新物种通过自然选择形成"，提供了理论支持。

DNA 密码

1953 年，詹姆斯·沃森（James Watson）和弗朗西斯·克里克（Francis Crick）发现了 DNA 的化学结构，解开了遗传性状如何代代相传的谜团，DNA 是构成染色体及其携带基因的复杂分子。

DNA 分子以四个单位序列的形式携带着遗传密码，这四个单位称为碱基，名称分别为腺嘌呤（A）、胸腺嘧啶（T）、鸟嘌呤（G）和胞嘧啶（C）。这些碱基以无数种组合排成长链，每种组合都决定了基因的最终表达。例如，以 AGTCGTTGATCA……开头的基因序列与以 GCCTATGACTGA……开头的基因序列在基因表达上差别显著。定义个体的每个特征都由基因序列决定，都是从父母那里遗传下来的。人类基因组计划已经确定了人类所有基因的完整 DNA 序列，许多植物的基因组也正在绘制中，这为科学家今后在医学、植物学和园艺学方面的研究提供了宝贵的工具。

有丝分裂和减数分裂

有丝分裂过程在本书第一章已经描述过，它是细胞复制的过程，也是植物生长过程中分生组织形成新细胞的手段。有丝分裂产生的每个细胞都具有与母细胞完全一样的细胞核，包括其中的染色体和基因。

单细胞孢子是通过有丝分裂发育成多细胞植物的。但是，如果要产生新一代孢子，就要借助另一种细胞分裂过程，即减数分裂（*meiosis*，在希腊文中意为"减少"）。与有丝分裂一样，减数分裂也是发生在细胞核内的分裂过程。但是，有丝分裂会复制染色体，使染色体数目精确地增加一倍，而减数分裂则会让每个细胞的染色体数目精确地减少一半。

被子植物根、茎、叶的细胞都是由成对染色体组成的。染色体配对发生在有性生殖过程中，其中一套染色体由精子提供，另一套由卵子提供。人类的体细胞也是如此，每个细胞都含有 46 条染色体，分为 23 对，父母双方分别提供一半。细胞内染色体的数量因动植物物种而异，例如，单冠菊属（*Haplopappus*）物种（雏菊的一种）的每个体细胞内有 4 条（2 对）染色体，而一些禾本科植物的每个体细胞内有 264 条。

染色体成对出现时，细胞染色体数为二倍体。二倍体细胞通过有丝分裂形成的子细胞也是二倍体，也就是说，它们是完全的复制品。但是，如果二倍体细胞通过减数分裂过程进行分裂，产生的子细胞就只有一半的染色体数目，即单倍

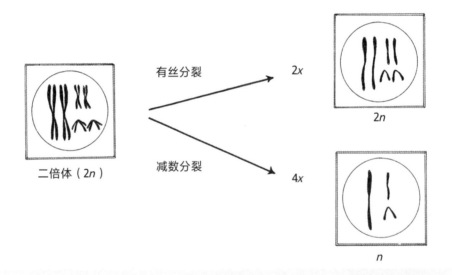

有丝分裂过程中，二倍体（2*n*）细胞会产生两个子细胞，这两个细胞都有每个染色体中的一条子染色体，即染色单体。减数分裂会产生四个子细胞，每个子细胞都含有来自每对同源染色体的一套染色单体，此时子细胞称为单倍体（*n*）。染色单体最终在子细胞中自我复制，形成双链染色体。

体。单倍体细胞可以通过有丝分裂形成其他单倍体细胞，但永远无法进行减数分裂。

动植物之间的一个根本区别是，动物进行减数分裂是为了产生配子（生殖细胞），而大多数植物是通过减数分裂形成孢子。为了解有丝分裂、减数分裂、孢子和配子在植物繁殖过程中的作用，下文将详细介绍典型苔藓植物、蕨类植物和被子植物的生活周期。

苔藓植物的生活周期

苔藓植物生长在阴凉潮湿的环境中。成千上万株苔藓植物通常会挤在一起，形成密集的绿色垫状物，只有轻轻扯开一簇苔藓植物才能辨认出单个植株。很多特征显示，苔藓属于原始生物：它们没有根和维管组织（木质部和韧皮部）；与高等植物相比，其叶和茎的解剖结构简单；由于无法形成木质化支撑组织，植株矮小。体形微小的绿色苔藓植物由单倍体细胞组成，具体来说，是由单倍体孢子经有丝分裂发育而来。

苔藓植物类群中，约有一半是雄株，它们在称为精子器（*antheridia*）[1]的特殊结构中产生精子。雌株则在另一种称为颈卵器（*archegonia*）[2]的结构中产生卵子。精子和卵子都是配子，同时也是单倍体细胞。当雨水滴落在雄株精子器上时，飞溅出去的雨珠会将精子带到雌株颈卵器上，随后精子和卵子在颈卵器中进行有性结合。结合的产物合子留在颈卵器中。绿色苔藓植物的主要作用是形成配子，因此它们称为配子体（*gametophyte*）[3]。

随着二倍体细胞合子的形成，苔藓植物的生活周期进入一个完全不同的阶段。合子不断进行有丝分裂，形成一个多细胞二倍体植株，着生在雌配子体的顶端。新植株无法进行光合作用，因此它在生长发育过程中只能从雌配子体中汲取养分，由此长成一根细长的茎，茎的末端有一个小孢蒴。在孢蒴内，孢子由减数分裂过程产生，这些单倍体孢子在气流作用下散开，长成新的配子体，重复苔藓植物的生活周期。这些外观奇特的二倍体植株安稳地着生在绿色的雌配子体上，专门产生孢子，因而称为孢子体。凡是在大自然中或在花园里仔细观察过苔藓植物的人，都会对孢子体十分熟悉。

---

[1] 单数形式为 *antheridium*。

[2] 单数形式为 *archegonium*。

[3] *–phyte* 来源于希腊文 *phyton*，意为 "植物"。

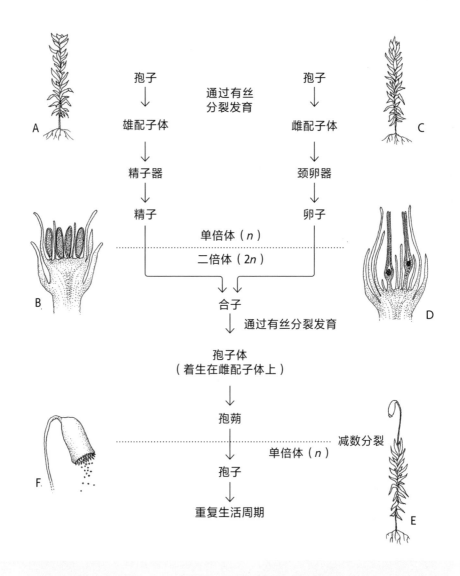

苔藓植物的生活周期：（A）雄配子体；（B）雄配子体顶部放大图，从中可见四个含有精子的精子器；（C）雌配子体；（D）雌配子体顶部放大图，从中可见两个含有卵子的颈卵器；（E）含孢蒴的孢子体着生在雌配子体上；（F）孢蒴释放出孢子。

 苔藓植物的生活周期中，有两个世代依次发育，首先是单倍体配子体，随后是二倍体孢子体，二者相互依存。这种神奇的繁殖方式称为世代交替，是植物最常见的繁殖方式，这些植物包括蕨类植物、裸子植物、被子植物等。

蕨类植物的生活周期

蕨类植物的叶片（蕨叶）是植物界最美丽的叶片之一，因此蕨类植物对园艺爱好者极具吸引力。蕨类植物有维管组织以及结构完整的根、茎（通常有根茎）和叶，这些特征表明，蕨类植物在进化过程中相较于苔藓植物有了长足进展。此

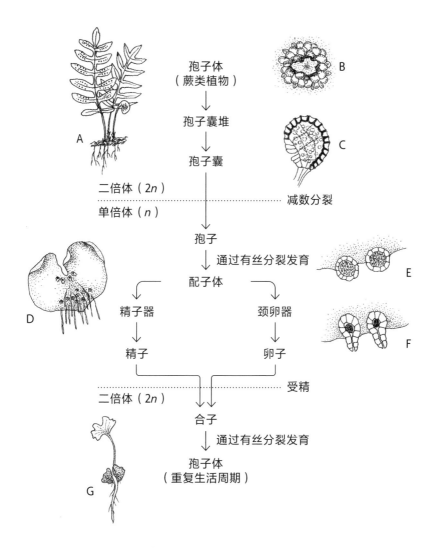

蕨类植物的生活周期：（A）蕨类植物是一个孢子体；（B）孢子囊堆，即孢子囊群的特写；（C）孢子囊的放大图；（D）配子体，有时称为原叶体；（E）两个精子器的放大图，精子器内含有精子，附着于配子体底部；（F）两个颈卵器的放大图，颈卵器内含有卵细胞；（G）幼嫩的孢子体，着生在配子体上。

外，与配子体相比，二倍体孢子体在蕨类植物的生活周期中具有更为举足轻重的作用，这也是进化过程中的一大进步。

园艺工作者熟知的蕨类植物是一种孢子体，其孢子通过减数分裂过程从小孢子囊中产生，孢子囊在叶片背面聚集成群，这些孢子囊群称为孢子囊堆（sori）[1]，是蕨类植物叶片上常见的独特棕色斑点或条纹。

随着孢子囊成熟、干燥和开裂，尘埃般微小的孢子从孢子囊堆中撒出。有幸落在潮湿土壤中的孢子可能会长成配子体。蕨类植物的配子体呈心形，通常宽约5毫米，它们可进行光合作用，但极其脆弱。在短暂的生活周期中，这些配子体通过以下方式来实现繁殖功能，在同一个微小的植株上产生精子器、颈卵器、精子和卵子。因此，要形成受精卵，精子只需在配子体下表面的潮湿膜中游动一小段距离。

在合子发育成新孢子体世代[2]的最初阶段，孢子体着生于配子体上，这或许是一种返祖现象，因为苔藓植物中两个世代结合正是如此。但在蕨类植物中，孢子体会一直旺盛生长，其长势很快就会超过配子体，因为孢子体自身已长出根、根茎以及连续的叶片。

人们往往很难注意到蕨类植物的配子体世代以及孢子体发育的早期阶段，但是数周后就会看到新孢子在阴凉潮湿土壤中发出的芽。配子体呈淡绿色，在地面上可起伪装作用，我们需要仔细观察才能看到这些不显眼的配子体。有些蕨类植物的孢子很容易萌发，长成新植株，这为我们研究高等植物繁殖周期中的"另一代"提供了很好的机会。

被子植物的两个世代

随着进化的不断发展，最终出现了被子植物，世代交替机制也发生了进一步的变化。被子植物产生雌雄两个配子体，配子体逐渐缩小，体积微小，依靠孢子体提供的营养物质和保护生长。虽然通过这样的配子体繁殖出的植物与原始物种差异巨大，但它们在繁殖周期中的地位与在原始物种中一样重要。通常我们会认为我们所种植的开花、结实和结籽植物直接进行有性生殖，但事实并非如此，它们是孢子体，因此通过减数分裂过程产生孢子，这是孢子体的使命之一。

---

[1] 单数形式为 sorus，sorus 来源于希腊文 soros，意为"一堆"。
[2] 从受精卵（合子）萌发开始到孢子母细胞减数分裂为止，这一时期称为孢子体世代，或称为无性世代。引自陆树刚等：《蕨类植物学》，北京：高等教育出版社，2007 年，第 32 页。

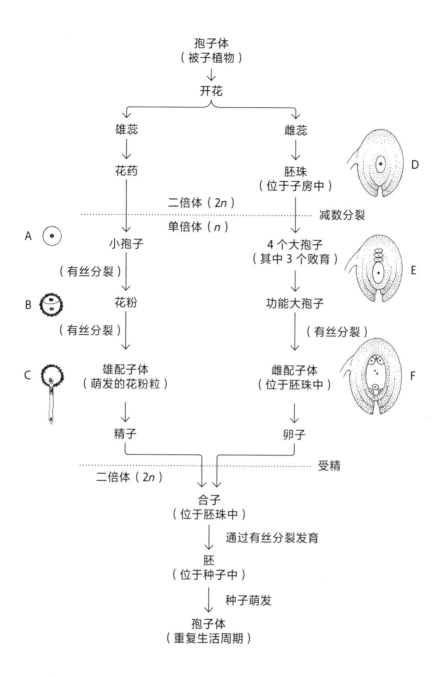

孢子体
（被子植物）
↓
开花

雄蕊 → 花药

雌蕊 → 胚珠
（位于子房中）

D

·········· 二倍体（2n）··········
单倍体（n） 减数分裂

A

小孢子
（有丝分裂）

4 个大孢子
（其中 3 个败育）

E

B

花粉
（有丝分裂）

功能大孢子
（有丝分裂）

C

雄配子体
（萌发的花粉粒）

雌配子体
（位于胚珠中）

F

精子

卵子

·········· 二倍体（2n）·········· 受精

合子
（位于胚珠中）
↓ 通过有丝分裂发育
胚
（位于种子中）
↓ 种子萌发
孢子体
（重复生活周期）

被子植物的生活周期：（A）小孢子；（B）花粉粒；（C）萌发的花粉粒，即雄配子体世代；（D）特定的胚珠细胞进行减数分裂；（E）减数分裂后，功能大孢子中有三个败育的大孢子；（F）含有雌配子体世代的胚珠，雌配子体世代含有一个卵细胞（下方，中间）。

例如，在花药中，具有特定基因型的二倍体细胞进行减数分裂，形成单倍体小孢子，小孢子具有物种的雄性特征。每个小孢子进行有丝分裂，形成花粉粒中的两个细胞，其中一个细胞进一步进行有丝分裂，形成两个精子，另一个细胞延伸成花粉管，这就是雄配子体生长的全部过程。在授粉之后，只有在花粉粒从雌蕊组织中获得营养物质和生长激素时，花粉粒中的两个细胞才会分裂和延伸。

当萌发的花粉粒被视为是世代交替中的一个微小配子体时，它就具有了更重要的意义，因为这是一个正式形成的单倍繁殖有机体。在进化过程中，配子体缩小成了最基本的结构，即两个雄配子和一个花粉管，配子体无法进行光合作用，同时也无法形成精子器，其他功能和原始苔藓植物漂亮的绿色配子体一样。

雌配子体在被子植物的胚珠内形成。具有特定基因型的细胞通过减数分裂产生四个单倍体大孢子，随后，雌配子体就开始形成了，大孢子具有物种的雌性特征。在这四个大孢子中，其中三个会败育，剩下的功能大孢子不断进行有丝分裂，形成由八个细胞核组成的集合体，这八个细胞核被分到七个细胞中，这七个细胞组成了雌配子体的结构，其中一个细胞起到卵子的作用。卵子受精后，形成的合子进行多次有丝分裂，最终发育成种子的胚。胚是孢子体的雏形，它在等待种子萌发，开始新的生活周期。

你可能想知道雄配子体的第二个精子会发生什么变化。含有两个单倍核的雌配子体细胞与通过花粉管传递的第二个精子结合，形成具有三套染色体的产物，即三倍体（$3n$）。三倍体细胞进行有丝分裂，形成贮藏营养物质的三倍体胚乳组织。在某些物种中，雌配子体细胞与精子的结合、三倍体细胞的有丝分裂过程可能会出现变异，导致胚乳具有三套以上的染色体。

与雄配子体类似，雌配子体也缩小到微小的比例，由孕育出它们的孢子体提供营养物质，其颈卵器在进化过程中消失。配子体和孢子体之间的关系是，在自然环境中，如果孢子体没有产生胚珠和子房壁，那么雌配子体就不可能存活。除了前文介绍过的罕见无融合生殖外，大多数被子植物在生活周期中，只有经过配子体这一中间阶段，才有可能产生可存活的种子。

裸子植物与被子植物的繁殖周期相似，主要区别在于裸子植物的种子在雌球果中产生，如松树的雌球果。花粉在雄球花中产生，随风飘落到雌球花上，雌球花含有正在发育的胚珠。萌发的花粉粒，即雄配子体在胚珠内生长，胚珠内孕育着微小的雌配子体。随后的受精和种子发育过程与被子植物的类似。

世代交替在所有高等植物中和在植物的原始形态中一样重要。配子体体积缩小，并且可在潮湿的孢子体组织中得到保护，这使许多裸子植物和被子植物得以在干燥环境中生存和繁殖。

减数分裂过程中的染色体分离

无论是在植物孢子的形成过程中，还是在动物配子的形成过程中，减数分裂在动植物的生活周期中都十分关键。在减数分裂过程中，成对的染色体（同源染色体）上的染色单体随机分离成两组单倍体，分配到不同细胞中。基因随着染色体分配到不同的生殖细胞中，这些基因控制着身体和生理特征的表达。

假设二倍体孢子体每个体细胞中只有两对染色体。我们将其中一对标记为 A 和 A'，另一对标记为 B 和 B'。在进行减数分裂后，这些染色体产生的单倍体组合只能是：AB 和 A'B'，或 AB' 和 A'B（见附图）。在花药中，这些染色体组合通过减数分裂，分配给不同的小孢子，然后再传给花粉粒和精子。然而，精子与卵子结合时，只有机会才能决定染色体的组合，换言之，这是一种随机选择，就像掷两个骰子后，出现的数字组合一样。同样，在胚珠内，减数分裂过程中染色体的分离也是随机的。四个大孢子中哪一个能存活下来，并产生雌配子体及卵子也是随机的。

根据上段的假设，配子的染色体结合成合子的二倍体细胞核，可能会出现 9 种染色体组合模式（见附表）。如果仅仅 4 条染色体就能产生如此多的组合，而

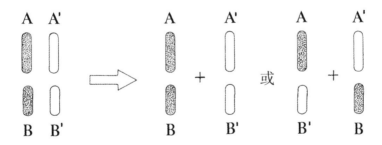

减数分裂过程中染色体的分离。左侧的同源染色体分离，形成右侧的单倍体组合。

A A B B	A A B B'	A A B'B'
A A' B B	A A' B B'	A A' B'B'
A' A' B B	A' A' B B'	A' A' B'B'

配子结合成合子后，可能出现的染色体组合。

被子植物的染色体数目通常为 40 条，那么可以想象一下，可能产生的组合数量将是多么庞大。

减数分裂过程中的基因分离

若考虑染色体携带的成千上万个基因及其表达的性状，有性生殖过程中的染色体重组就显得更为重要。另外，由于基因有显性和隐性两种表达方式，染色体重组十分复杂。在杂交过程中，如果两种性状的基因同时出现在一个个体中，则表现出显性性状。以植株高度这一性状为例，一些杂交品种的植株长得高，一些长得矮，就是因为高矮两种性状的基因显现不同。不过，高大通常是植物的显性性状，矮小是隐性性状。

下面举例说明。请看下图左边的一株植物，其同源染色体中的染色体都有表达高大（T）的基因（在附图中用 TT 组合表示）。由于只有显性基因，花粉和该植物用于受精的精子都带有表达高大性状的基因。再看下图右边一株由基因决定的矮小植物（t），其同源染色体中的两条染色体都有决定高度的隐性基因（以 tt 基因组合表示），这种植物产生的所有卵子都带有表达矮小性状的基因。

这两种植物进行异花授粉后，受精卵中含有新的基因组合 Tt，在由该合子发育成的植物中，每个细胞都含有基因组合 Tt。由此长成的植物是高大、矮小还是中等高度？基因很少出现部分表达的情况。大多数情况下，如果存在显性基因，它就会完全抑制隐性性状的表达。因此，杂交植株会长得高大，称为杂合（*heterozygous*）高植株，这是两个不同（*hetero*）基因 T 和 t 配对的产物。高大的亲本植株（TT）是纯合（*homozygous*）高植株（*homo* 意为"相同"）。

基因表达出的可观察性状，此处指植株的高度，称为植株的表型（*phenotype*）[①]，而实际的基因组合则是植株的基因型。值得注意的是，只有双隐性基因型（tt）同时存在，才可能出现隐性表型，即植株矮小。

基因型和表型之间存在许多差异，其意义在于，如果两株具有隐性性状的植物杂交，则所有后代都具有隐性性状。同样，具有纯合显性基因型的两株植物杂交后，产生的所有后代都具有显性性状。但是，如果亲本双方或其中一方具有杂合基因型，后代就会出现混合表型（见下页图）。隐性基因隐藏于亲本的基因组合中，经过亲本的几代繁殖，后代最终会偶然出现双隐性基因组合，从而表现出

---

① *phenotype* 来源于希腊文，意为"显现"。

隐性性状。

　　杂合基因组合广泛存在于植物中，这是杂交后代（有性生殖的产物）并不总
是与亲本形态保持一致的主要原因之一。保证群落成员基因型一致的唯一方法是

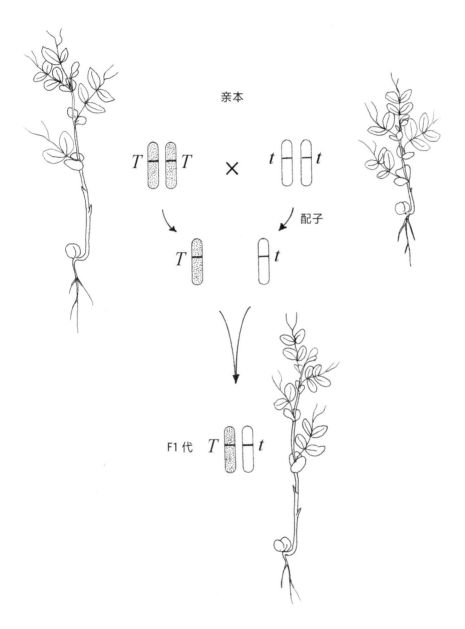

　　纯合高（TT）的豌豆与纯合矮（tt）的豌豆杂交，在子一代（F1）中产生了杂合
高（Tt）后代。

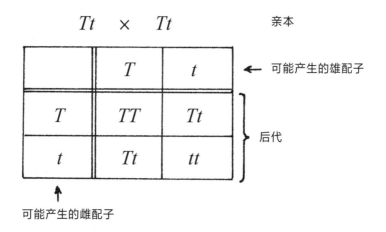

亲本

← 可能产生的雄配子

后代

可能产生的雌配子

两株杂合高的植株杂交产生的结果（上图为两株杂合高植株杂交而成的后代性状）。后代中可能会产生三个高株和一个矮株（ *tt* ）。在高植株品种中，两株为杂合高植株（ *Tt* ），一株为纯合高植株（ *TT* ）。

通过扦插或嫁接进行营养繁殖，这是园艺工作者通常采用的技术。

植株遗传的高度只是植物的性状之一，这些性状由同源染色体上成对的基因控制。这些成对的基因还决定了不计其数的其他性状，包括花的形状、果实的大小和颜色、叶片的形态、植物对光周期的反应以及成熟率等。决定这些性状的基因位于不同的染色体上，因此这些基因在每一代中都会重组，形成不断变化的基因组合。

每个品种完整且独特的基因组合，即基因蓝图，都非常复杂，几乎无法通过杂交来复制。因此，如果只能通过营养繁殖方式来栽培的植物因人类的疏忽而灭绝了，那么它们在大多数情况下都无法再现。

不完美的结果

自古以来，生物体内就以惊人的规律性进行了无数次有丝分裂和减数分裂。但与任何生物系统一样，细胞分裂偶尔也会出错。在减数分裂过程中，染色体可能会分离成不完整的染色体组，可能会导致配子中多了一条染色体（ $n+1$ ）或少了一条染色体（ $n-1$ ）。这种情况称为非整倍性（ *aneuploidy*，aneu 意为"不准确"）。大多数情况下，植物遗传了额外的染色体并不会对自身不利，事实上，额外的染色体可能会使植物的一个或多个器官增大，如曼陀罗（ *Datura*

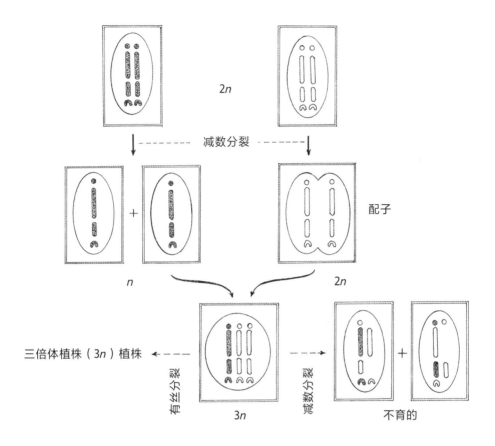

2n

---------- 减数分裂 ------------→

n

配子

2n

三倍体植株（3n）植株 ←-------- 有丝分裂 ----- 3n ----- 减数分裂 -----→ 不育的

三倍体的产生。在减数分裂过程中，亲本一方细胞内的染色体不完全分离（中间，右图），最终导致形成二倍体配子。二倍体配子与正常的单倍体配子（中间，左图）结合，形成三倍体（3n）合子。三倍体合子可进行有丝分裂，形成三倍体植株；但如果植株进行减数分裂，染色体会发生不规则分离，导致不育。

stramonium）"球形"品种的宽大叶片和球形果实就是由此而来。但是，染色体缺失是致命的，因为染色体缺失意味着缺失了太多控制关键细胞功能所需的基因。

　　更常见的染色体畸变是多倍体（*polyploidy*，poly 意为"许多"），即细胞核含有 3 个或 3 个以上完整染色体组的细胞或个体。具有三倍（3n）和四倍（4n）染色体数量的植物在花园里比比皆是。据估计，有三分之一或以上的被子植物物种是多倍体，在园艺和农业品种中多倍体的数量最多，其中，约 40% 是双子叶植物，60% 是单子叶植物（尤其是禾本科植物）。许多经济物种名录都会介绍最新的多倍体品种，其中一些是用种子培育的，另一些则是用营养器官繁殖的。

　　多倍体通常会导致不育，因此，具有这种基因组成的物种必须通过鳞茎、球茎或根茎繁殖，才能在自然界中生存。园艺工作者经常采用这些方法，以及扦插和嫁接技术，来使这些不寻常的多倍体植物繁殖。不育有多种表现形式，包括花粉或花粉管发育不良、胚败育或花朵的组成部分发生改变等。

多倍体的细胞含有多组基因，于是多倍体具有体积庞大、生长旺盛的特点，因此广泛用于栽培。与二倍体相比，四倍体的叶片、花朵和果实更大，其营养价值更高、产生木材的能力更强、整体植株更大。一些多倍体物种对环境变化的耐受力很强，因此在自然选择中占据优势地位，同时能更好地适应各种花园环境。

多倍体的形成

通常情况下，生殖细胞含有单倍染色体数，但在减数分裂过程中，由于姐妹染色单体或同源染色体分离失败，偶尔会形成二倍体配子（见下页图）。如果二倍体配子与正常的单倍体生殖细胞结合，产生的三倍体合子就是三倍孢子体世代的初始形态。三倍体植物可进行营养繁殖，因为在有丝分裂过程中，每个新形成的细胞只是复制三组染色体。

第三组染色体可能会使三倍体植物具有杂种优势，但这些三倍体的繁殖能力会降低。在减数分裂过程中，三组染色体不规则地分配给孢子，而后进入配子体和配子中，最终导致生殖细胞结合时染色体不完全配对，而随后要进行的减数分裂必须要有成对的同源染色体。

两个二倍体（2n）配子融合形成四倍体（4n）植物，配子可能由同种的两株植物，也可能由不同种但亲缘关系密切的两株植物提供，同种间的配子杂交称为种内杂交，不同种间的配子杂交称为种间杂交。虽然本书前文提到，能否杂交一般是辨别物种是否是新形成物种的标志，但的确存在由两个或两个以上物种产生的多倍体，称为异源多倍体（allopolyploid，allo–意为"不同的"）。异源多倍体的出现是打破物种间遗传障碍的主要方式之一，这种方式能够产生新的基因组合，可赋予后代选择性优势。人类对这种杂交方式也很感兴趣，异源多倍体通常表现出新的表型变异，这种变异具有巨大的经济开发潜力。苹果、葡萄、罗甘莓、玉米、水稻、草莓、玫瑰、大丽花、菊花、唐菖蒲以及兰花中的许多不同品种都是通过异源多倍体培育出来的。

种间杂交会导致后代不育，原因在于来自不同物种亲本的相异染色体无法找到相互配对的染色体，无法形成随后减数分裂过程中所需的同源染色体。但有时，所有相异的染色体都会加倍，从而为自身提供可正常配对的相同染色体（如

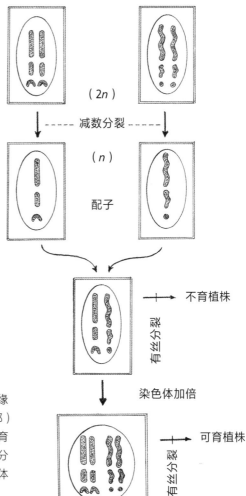

（2n）

----- 减数分裂 -----

（n）

配子

有丝分裂 ————十————→ 不育植株

染色体加倍

有丝分裂 ————十————→ 可育植株

　　种间杂交。减数分裂发生在两个亲缘关系密切的二倍体可育物种的细胞（顶部）中。两个配子结合产生的合子发育成不育植株，其不匹配的染色体如果进行减数分裂，则无法形成同源染色体。如果染色体加倍，异源多倍体就能恢复繁殖能力。

图所示），由此产生的异源多倍体植物是完全可育的，因为它只是具有大量同源染色体的二倍体。

　　大丽花（*Dahlia pinnata*）的祖先是二倍体，有 16 条染色体（2n = 16）。杂交可能产生了两组四倍体物种（2n = 32）。大丽花是通过染色体加倍（如上所述）形成的种间杂交八倍体（2n = 64）。顺便提一下，大丽花是一种繁殖能力很强的品种。其他由两个或两个以上物种杂交形成的杂种有欧洲李（*Prunus domestica*）、芥菜（*Brassica juncea*）、烟草（*Nicotiana tabacum*）等。

量身定制的未来植物

园艺家和农学家采用的传统植物育种方法存在很多问题，这些问题都与有性生殖过程中自然界的偶然事件有关，如植物育种者几乎无法控制减数分裂过程中染色体的分离或配子结合时基因的组合。繁殖周期各个阶段，细胞都会发生许多随机、偶发的错误行为，由此产生的多倍体具有独特优势，正好为育种者所用。秋水仙素是从秋水仙（*Colchicum autumnale*）中提取的物质，它是用于人工诱导多倍体的化学物质之一，但其诱导出的多倍体与自然条件下产生的多倍体一样难以预测。

选择性育种的目的是将特定基因聚集在人们认为有用或美观的杂交品种中。直到最近几年，育种者通过培育在各代植物间传递的遗传性状，仅限于同一物种或近缘类群基因库中已知基因所表达的性状。基因只有在与其他基因（无论是否优良）相伴的情况下，才会由完整且相配对的染色体携带。

遗传信息是如何在 DNA 复杂分子结构中传递的呢？这个秘密如今已被发现，以及随着独特基因操作技术的发展，让植物育种进入了一个新时代。如今，从细胞核中取出单个基因，将其拼接到其他植物的染色体上已成为可能。基因转移可以在不同科的物种之间进行，甚至可以在低等植物和被子植物之间进行，这就是基因工程的神奇之处。

拼接到生物体内染色体上的大多数基因功能都正常，它们只是简单地指示细胞进行一系列新的生化活动。在新形成的染色体进行有丝分裂或减数分裂时，会将新的基因传递给后代细胞。此外，通过克隆技术来繁殖那些基因工程植物，能省去通过有性生殖进行杂交的烦琐过程。

21 世纪的植物学研究很可能会包括大规模培育具有特定性状的植物：与本土物种一样能极好抵抗病原体和害虫的植物；耐旱和耐盐碱土的植物，其基因来自沙漠物种，沙漠物种很久以前就经历了困难和挑战，进化出了这些特性；营养价值更高、产量更高、纤维强度更大或树干更笔直的植物。容易栽培的常见物种已经被改造成活制药厂，可生产药物，生产成本比传统方法更低。现在，只有少数物种具有极高的光合产量，而将来所有对人类具有重要经济意义的物种都可能具有这种产量。由于基因共享可在不同种类的植物之间进行，固氮这一重要过程也不再是少数微生物的专属。有了基因工程，似乎就有了无限的可能性。也许在基因工程的某个阶段，会出现一朵蓝玫瑰或一个紫苹果，至于这是否是个好主意，读者可以自行判断。

植物名称

　　大多数园艺工作者发现自己栽培的植物并不是根据植物个体特征命名的，这一点让他们感到惊讶。换句话说，植物名称反映的不是植物的一些主要特征，如捕捉阳光能量的器官和细胞器、固定植物的根、用于繁殖的器官等。植物的名称完全是人类创造的，因此，随着我们对植物个体特征的研究越来越深入（这些研究从茎、叶和花的外在形态延伸到独特的生化产物和基因的 DNA 序列），植物的名称也会发生改变。

　　与其他物体一样，植物自古以来就被人类赋予了各种名称，以便识别和日后查阅。世界各地的人们通常用当地方言为植物命名，这往往会导致同一植物拥有许多不同名称。植物命名一直充满随意性，直到科学家意识到统一命名的必要性，才开始对当时世界上所有已知植物进行分类和命名。植物分类学也由此产生。

　　植物分类学之父是瑞典植物学家卡尔·冯·林奈（Carl von Linné，1707—1778），他设计了一种双名命名法，每种植物的名称都由两部分组成，如，*Phaseolus vulgaris* L. 是常见豆类——菜豆的植物学名，第一部分是该植物所属的属名，表示与其他豆类的密切关系，再如 *Phaseolus lunatus* L.（利马豆）、*P. coccineus* L.（荷包豆）等。属名是单数拉丁化名词，首字母必须大写。名称的第二部分是种加词（又称种小名），通常是形容词，用小写字母书写。属名和种加词共同构成物种的名称，用斜体书写或加下划线。属名和种加词之后是人名的首字母或其他缩写形式，人名指植物名称的命名人（L. 代表林奈），用罗马字母书写，不加斜体或下划线。

　　林奈开创性地尝试给每种植物起一个学名，而不是混乱的俗名，依据是植物的一些可见特征，如雄蕊的数量和长度。但是，这种人为分类方法具有局限性，会产生一些问题，例如，按此方法，仙人掌和樱桃会被归为同属，而事实上，它们是不同属物种。查尔斯·达尔文提出的"物种起源于自然选择"的革命性观点为植物分类提供了理论框架，分类学家基于该理论对林奈的双名法进行了发展完善，构建出新的分类系统，该系统显示了物种之间的自然进化关系。追溯构成地球植物群的成千上万个物种的进化谱系是分类学家的主要目标之一。

属和种在分类学体系中位于最低位置，但种内的变异可能会让分类学家将物种划分为更小的类群，并按照独特性由高到低排序，分别是亚种（缩写为 ssp.）、变种（var.）和变形（f.）。属内可以有多个种，如上文提到的菜豆属（*Phaseolus*），也可以只有一个种，如银杏。具有广泛相似性的不同属归为科；以此类推，一些科之间具有自然亲缘关系，归为目；目又归为数量较少的纲和亚纲；纲和亚纲又归为门；界是分类系统中的最高类别。因此，分类系统就像一座金字塔，塔顶只有几个门，塔底则是几十万个种。

分类学家一直在争论如何将植物归入不同的分类群，尤其是科级和更低级别的分类群，例如，对于什么是科，就有很多争议。一些植物学家主张将大的属群归入一个科，而另一些植物学家则倾向于将它们分成许多更小的分类群。这

植物分类金字塔

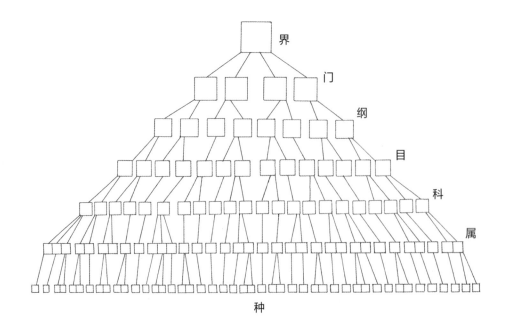

两种方法都不科学，因为其划分依据完全是基于个人对现有数据的理解。随着人们获得更多信息（如近年来发现的 DNA 编码序列），理解也会发生变化。《国际植物命名法规》制定了严格的植物命名规则，如目的名称以 *-ales* 结尾，科一般以 *-aceae* 结尾，如毛茛科（Ranunculaceae）。近年来，为统一起见，一些古老的科名（如菊科 Compositae、十字花科 Cruciferae、禾本科 Gramineae）已改为以 *-aceae* 结尾的名称（分别为 Asteraceae、Brassicaceae、Poaceae）。科的规模大小不一，最大的是菊科，包含 1200 个属，21000 个种，其中的许多种我们称为"雏菊"。

一些分类学家将规模最大的几个科分成多个亚科，亚科以 *-oideae* 结尾。兰科植物有 18000 多个种，分为三个亚科，其中一个亚科包含了绝大多数兰花植物，因此又分为几个族，甚至亚族，以便进行分类管理，族以 *-eae* 结尾，这些分类细节对植物育种家来说比对普通园艺工作者更重要。

园艺植物则根据另一套规则命名，即《国际栽培植物命名法规》。在这套规则中，命名过程变得十分复杂，因为每年都会培育出越来越多的栽培变种（品种）和杂种。品种必须具有代代相传的显著特征，其名称用拉丁字母书写，前面加缩写 cv.（如 *Papaver orientale* cv. Sultana）或加单引号（如 *Hydrangea macrophylla* 'Europa'）。

杂种是来自不同分类群的植物在自然环境中或通过栽培进行有性结合产生的后代。杂种的学名含有进行有性结合的亲本名称。例如，八角金盘（*Fatsia*）和常春藤属（*Hedera*）产生的杂种，表示为八角金盘 × 常春藤属（*Fatsia* × *Hedera*），或 × 八角金盘常春藤（×*Fatshedera*）；由黄花毛地黄（*Digitalis lutea*）和紫花毛地黄（*D. purpurea.*）杂交产生的杂种，表示为黄花毛地黄 × 紫花毛地黄（*Digitalis lutea* × *D. purpurea*）。

植物名称（俗名和学名）的起源是一个复杂问题，而且不遵循任何分类规则。名称有许多不同来源，包括神话传说（如水仙、风信子等），圣经和古典故事（如圣母百合、番红花等）或希腊词汇的组合，如 *Hemerocallis*（萱草）来源于希腊文，*hemera* 意为"日"，*kallos* 意为"美丽"，因为这种花的美丽只持续一天。*Dianthus*（石竹）来源于希腊文，*dios* 意为"神圣"，*anthos* 意为"花朵"。许多植物名称背后都隐藏着著名园艺家、历史人物或植物学家的精彩故事，是他们把在世界各地寻找到的新植物引入到欧洲和美国的花园中。

种加词的来源也多种多样，其中许多只是对物种显著特征的描述，如 *albus* 意为"白色"，*curvatus* 意为"弯曲"，*tomentosa* 意为"长满茸毛"。有些种加词则指物种原产地，如 *americanus* 意为"美洲"，*sinensis* 意为"中国"；有些种加词可能描述植物的原生环境，如 *littoralis* 意为"海边"，*silvaticum* 意为"林地"；还有的是为了纪念某人，如 *hookeri* 指的是英国皇家植物园（邱园）园长 19 世纪探险家约瑟夫·胡克（Joseph Hooker）。属名只能用于单个极其独特的物种或具有共同特征的物种群，但种加词可用于任意属，如 *Iris japonica*、*Fatsia japonica*、*Cryptomeria japonica* 等。

有些植物的俗名来源可以追溯到几个世纪以前，但却无从考证。有些植物俗名的来源我们并不清楚，只能猜测。最容易知道来源的可能是那些以人名命名的植物。*fuchsia*（倒挂金钟）是为了纪念德国图宾根大学的植物学家医生伦纳德·富克斯（Leonard Fuchs，1501）而命名的。*bougainvillea*（三角梅）是以曾探索南太平洋地区的法国航海家路易斯·安托万·德布干维尔（Louis Antoine de Bougainville，1729）的名字来命名的。*poinsettia*（一品红）以 1825 年至 1829 年美国驻墨西哥大使乔尔·罗伯茨·波因塞特（Joel Roberts Poinsettia）的名字命名。*zinnia*（百日菊）以 18 世纪德国哥廷根大学医学教授约翰·戈特弗里德·齐恩（Johann Gottfried Zinn）的名字命名。这些人的生平事迹可能会被遗忘，但他们的名字永远记在人们心中。

一些植物以颜色命名，最明显的是 rose（玫瑰），rose 一词来源于拉丁文 *rosa*，意为"红色"。carnation（康乃馨）的名称可能来源于拉丁文 *carnis*，意为"肉色"，指的是其中一些花朵呈粉红色，不过这一点还不确定。同样，花的形状也是一些植物名称的灵感来源，如 *Aster*（紫菀属），来源于拉丁文，意为"星星"，指的是花瓣呈星星般的放射状。当耧斗菜（columbine）的花朵倒立时，有人觉得它们看起来像一群正在喝水的鸽子，在拉丁文中，*columba* 意为"鸽子"。向日葵的花朵不仅看起来像发光的太阳，而且朝向太阳绽放，花如其名，其学名 *Helianthus* 来源于希腊文，*helios* 意为"太阳"，*anthos* 意为"花"。

来源于神话传说的植物名称中，最著名的可能是 *Narcissus*（水仙），其名称来源于一个名为 *Narcissus*（那喀索斯）的俊美希腊青年，他沉迷于池塘中自己的倒影，掉入池塘中溺水而亡，随后变成了一朵花。Peony（芍药）的名称来源于遭到对手嫉妒和威胁的神医佩恩（Paeon）。为了保护佩恩，宙斯把他变成了一株植物。hyacinth（风信子）的名称来源于一名英俊的青年雅辛托斯（Hyacinth），他深受阿波罗神的喜爱，二人一起玩耍时，雅辛托斯被铁饼击中头部而死，似乎是按照众神的惯例，阿波罗将雅辛托斯变成了一朵花。

其他植物名称，如 *Phlox*（天蓝绣球属，*Phlox* 来源于希腊文，意为"火焰"）名称的来源，就不那么合乎常理了。*Hydrangea*（绣球属）的名称来源于希腊文，*hydro* 意为"水"，*angeion* 意为"容器"，除非是指其果实形似水杯，否则很难理解该名称与绣球属的联系。*Clematis*（铁线莲属）的名称来源于希腊文 *klema*，意为"小枝"，至于它是怎么来的，这取决于你的解释。关于 dogwood（山茱萸）名称的来源有几种解释，我喜欢维多利亚时代园艺作家约翰·劳登（John Loudon）的说法，他认为山茱萸叶的提取物能有效洗净狗身上的跳蚤！

一些植物名称则与这些晦涩难懂的名称来源相反，你从名称就能清晰地辨认出这些植物，如火炬花（*Kniphofia*）、凌霄花（*Campsis*）、喜林草（*Nemophila*）等。可以想象，有关植物名称起源的书籍是多么奇趣无穷。

我建议家庭园艺爱好者使用自己喜欢的植物名称，如"金鱼草""端午花"等俗名，永远不要让植物的名称减少了植物本身带给你的乐趣。正如莎士比亚所说："名字本虚无，无论是何名，玫瑰依旧芬芳。"

术语表

A

螯合物 一种有机物，可与铁等金属元素结合，并从中释放出这些元素。

B

板根 增大的地上根，可支撑树干。

半寄生植物 入侵寄主只吸取水分和矿质营养的寄生植物。

伴胞 含有细胞核的韧皮部细胞，与筛管相邻。

苞片 生长在花或花序下方的变态叶。

孢子 直接长成新植株的生殖细胞。

孢子囊堆 蕨叶背面产生孢子的区域。

孢子体 在世代交替中产生孢子的二倍体植物。

胞间层 黏合两个相邻细胞壁的果胶层。

胞间连丝 穿过细胞壁沟通相邻细胞的细胞质细丝。

保卫细胞 气孔周围一对细胞中的一个。

被子植物 种子包在果实里的一类植物。

闭花受精 从未曾开放的自花授粉的花朵中培育出能生长发育的种子。

边材 次生木质部外部的浅色区域，具有输导水分功能。

边花 头状花序中通常环绕心花的几朵小花之一。

表皮 草本植物器官的外层细胞。

表皮毛 由表皮细胞产生的丝状物。

表型 生物体的外观特征。

薄壁组织 未分化的薄壁细胞。

不定根 从叶片等不寻常部位长出的根。

不定芽 从不寻常部位长出的芽，如从根的一侧长出。

不完全花 一朵花的四部分（萼片、花瓣、雄蕊和雌蕊）中缺少一至三部分的花。

C

草本的 呈绿色且质地柔软，几乎不含木材组织。

侧生分生组织 细胞分裂的区域，分布在整条茎或根内（如维管形成层和木栓形成层）。

侧芽 见"腋芽"。

层积处理 对某些物种的种子进行冷处理，以提高发芽率。

缠绕茎 以螺旋方式缠绕支撑物生长的茎。

长日植物 日照长度长于临界光周期时开花的植物。

常绿植物 全年长叶的多年生木本植物。

持水能力 土壤在重力作用下径流后的持水量。

赤霉素 一种植物激素，可调节节间伸长和细胞增大等多个过程。

抽薹 开花前茎的快速生长。

初生壁 在新细胞壁发育过程中形成的第一层纤维素层。

初生木质部 一种运输水分的组织，由顶端分生组织的生长活动形成。

初生韧皮部 一种运输营养物质的组织，由顶端分生组织的生长活动形成。

初生生长 顶端分生组织中细胞活动引起的生长。

初生组织 在初生生长过程中形成的组织。

除草剂 施用到植物上可抑制生长或杀死植物的任何化学物质。

春材 在春季和初夏由维管形成层产生的木质部。

春化作用 一种促进开花的低温处理方法。

纯合的 同源染色体上的基因完全相同。

雌蕊 一朵花中的雌性器官。

雌雄同株的 一个植株上同时长着雄花和雌花的。

雌雄异株的 雌雄生殖器官分别生于不同植株上的。

次生壁 紧贴初生壁内侧的细胞壁部分。

次生代谢物 除了光合作用、呼吸作用等主要代谢途径外，其他代谢途径利用的生化物质。

次生木质部　由维管形成层产生的运输水分的组织。

次生韧皮部　由维管形成层产生的运输营养物质的组织。

次生生长　侧生分生组织（维管形成层和木栓形成层）活动引起的生长。

刺　叶的变态部分，坚硬而尖锐。

D

DNA（脱氧核糖核酸）　构成基因的物质，是细胞中遗传信息的载体。

大孢子　发育成雌配子体的孢子。

单倍体　具有一套无法配对染色体的细胞或个体。

单果　由一个子房形成的果实。

单性结实　不经过授粉、受精或种子发育而形成果实的现象。

单叶　叶片不分成较小单元（小叶）的叶。

单子叶植物　被子植物亚纲的一类植物，特征是种子中只有一片子叶。

氮磷钾配比　肥料中氮、磷、钾的相对比例。

氮循环　氮在环境与生物之间的循环过程。

导管　大多数被子植物中运输水分的细胞。

低温硬化　某些物种为适应季节性低温做好准备的过程。

滴水区　树木周围由根尖占据的土壤区域，水从叶冠滴入该区域。

滴水叶尖　有助于水分从叶面流下的叶尖端。

砧木　在嫁接时接穗所插入的有根植物。

淀粉　高等植物贮藏的主要营养物质，由许多葡萄糖分子组成的碳水化合物。

顶端分生组织　生长的根或茎顶端细胞分裂活跃的区域。

顶端优势　顶芽抑制腋芽生长的现象。

顶芽　见"顶芽"。

顶芽　茎顶端的芽。

顶芽鳞痕　芽鳞脱落后在茎上留下的痕迹。

短日植物　日照长度短于临界光周期时开花的植物。

短柔毛的　具有短毛的。

多倍体　每个细胞含有三套或三套以上染色体的个体。

多年生植物　连续度过多个生长季节的植物。

E

萼片　通常包围并保护花蕾的花朵部分。

二倍体的　有两套染色体的。

二年生植物　在两年生长期内完成生活周期的植物。

F

发酵　在无氧条件下发生的有机物分子部分分解的过程，可产生乙醇、二氧化碳和能量。

非整倍性　染色体数目不是单倍体的整数倍，细胞核内有额外或缺失的染色体的现象。

分化　薄壁细胞发生形态和生理变化，成为特化细胞的过程。

分生组织　细胞活跃分裂的区域。

分子　一种通过化学键结合的原子团。

粉土　一种无机土壤成分，颗粒直径介于 0.002 毫米至 0.02 毫米之间。

佛焰苞　包裹着佛焰花序的大苞片。

佛焰花序　包裹在佛焰苞中的肉穗花序。

辐射对称花　具有辐射对称性的花朵，从花的中央切开，任一情况下花朵都会分成两等份。

腐生生物　从死亡的有机体中获取营养物质的生物。

腐殖质　土壤中的有机物，由动植物的残体分解而来。

附生植物　生长在另一种植物上以获得物理支撑的植物。

复果　由同一花茎上数朵花的子房发育而成的果实。

复叶　由许多独立小叶组成的叶。

副花冠　花瓣的喇叭状突起。

G

感性运动　非定向外界刺激引起的植物部分（如叶片）的运动。

感震运动　对震动或触动的反应。

根　通常是植物的地下部分，是植物固定在土壤中并吸收水分和矿物质的器官。

根被　兰花气生根外部的吸水组织。

根冠　覆盖在根尖上的保护层。

根茎　地下的平卧茎。

根瘤 由固氮细菌侵入根部产生的小肿胀物。

根毛 根表皮细胞的毛状突起。

根蘖 从根部长出的不定芽。

根压 根部活细胞产生的压力，迫使水沿木质部上升。

共生 两种或两种以上不同物种的生物共同生活，互惠互利。

固氮作用 由少数微生物将大气中的氮气转化为含氮有机化合物的过程。

管胞 在裸子植物和其他低等维管植物中运输水分的细胞。

灌木 一种无明显主干的木本植物，分枝靠近底部。

光合作用 利用光能将二氧化碳和水合成有机物的过程。

光周期现象 植物对昼夜长短循环作出的反应，可促成开花。

光周期诱导 通过特定光周期启动生理过程。

果胶 细胞壁中将细胞黏合在一起的物质。

果皮 果实的外壁，由子房壁发育而来。

果实 成熟的子房。

H

海绵组织细胞 叶片中一组松散排列的光合作用细胞。

合子 精子和卵细胞结合的产物，即受精卵。

核糖体 一种细胞颗粒，合成蛋白质的场所。

横生的 植物根、茎等的水平生长。

宏量营养素 动植物所需的量相对较多的矿物质。

后熟 特定物种的种子散播后的成熟过程，为萌发所必需。

呼吸作用 见"细胞呼吸"。

胡萝卜素 存在于叶绿体中的橙黄色色素。

花 被子植物的生殖枝。

花瓣 通常是颜色明显的扁平花朵部分。

花被 花朵中的所有萼片和花瓣。

花被片 花朵中没有明显花瓣或萼片的花被部分。

花萼 花朵中所有萼片的统称。

花粉 由被子植物和裸子植物的小孢子发育成雄配子的结构。

花粉管 从花粉粒中长出的将精子输送到雌配子体的结构。

花梗 花序中单朵花的花柄。

花冠　花朵中所有花瓣的总称。

花蜜　某些花朵分泌的含糖液体。

花色素苷　一种水溶性色素，颜色从红色到蓝色不等。

花熟状态　植物在开花前必须达到的最小营养生长尺寸。

花丝　带有花药的雄蕊柄。

花托　花柄的膨大端，其上着生花朵的各个部分。

花序　带有花簇的花枝。

花药　雄蕊中带有花粉的部分。

花柱　雌蕊上带有柱头的细长部分。

化感作用　一种植物释放化学物质抑制附近其他植物生长的现象。

坏死　植物组织的死亡。

黄化现象　植物在暗处生长，茎干苍白、变长，叶片不发达的现象。

活石　一种伪装成小石头的肉质植物。

J

基粒　叶绿体中堆叠的层状含色素结构。

基因　遗传的单位。

基因型　生物的基因组合。

激素　一种少量产生并运输到生长发育部位的有机物质，可控制生长发育。

棘　一种坚硬而尖锐的变态茎。

寄生生物　从寄主中汲取养分的植物或动物，通常对寄主不利。

寄主　寄生生物赖以生存的植物或动物。

嫁接　将一株植物的一部分（接穗）与另一株植物（砧木）结合。

减数分裂　染色体数目减半的细胞分裂过程。

角质　组成角质层的蜡质物质。

角质层　叶片、草本植物茎和果实外部的蜡质层。

接穗　在嫁接过程中插入砧木的植物部分。

节　茎上叶片和腋芽着生的部位。

节间　茎两节之间的一段。

茎　植物生叶和生花的部分。

精子　雄性生殖细胞。

精子器　除裸子植物和被子植物以外，植物的雄性生殖器官。

颈卵器　除被子植物以外，植物的雌性生殖器官。

居间分生组织　位于非分裂组织（如叶基部）之间的分生组织。

具白霜的　光滑且有蜡质粉霜的。

具柔毛的　具有柔软的长毛。

距　花的管状突起。

聚合果　一朵花内有多个子房，每个子房形成一个小单果，许多小单果聚生形成的果实。

卷须　用于攀缘的变态茎或叶。

菌根　真菌与高等植物根系之间的共生关系。

K

可发芽的　能够萌发的。

克隆　由单个亲本通过无性繁殖产生的基因相同的生物。

块根　一种贮藏营养物质的膨大根，生有不定芽。

块茎　根茎的膨大顶端，含有贮藏的营养物质。

块状茎　见"块茎"。

块状根　见"块根"。

扩散根系　见"须根系"。

L

落叶的　在一个季节中脱落所有叶子。

落叶剂　一种能够促使叶子提早脱落的合成化学物质。

离区　叶柄、花或果柄基部的一层细胞，变弱时会导致植物器官与植株分离。

两侧对称花　只能沿一个平面分为相似两半的花。

临界光周期　短日植物的最长日照时间和长日植物的最短日照时间。

鳞茎　扁平的短茎，生有贮藏营养物质的肉质叶片。

卵子　雌性生殖细胞。

轮生　排列成环状。

裸子植物　在裸露条件下产生种子的一类植物，其种子通常在球果中形成。

M

毛细管水　土壤颗粒或植物细胞之间微小孔隙中的水。

酶　在生化反应中起催化作用的蛋白质分子。

萌发　种子、孢子或花粉粒开始生长的过程。

萌发抑制物　一种抑制种子萌发的化学物质。

蜜腺　分泌花蜜的腺体。

蜜源标记　花朵上对比鲜明的颜色图案，可引导传粉者找到花蜜。

膜　由蛋白质和脂质组成的细胞质、细胞器和其他细胞结构周围的薄片状结构。

木材　茎和根中由次生木质部组成的致密组织。

木栓　树皮的外层保护组织。

木栓形成层　树皮中形成木栓的细胞层，一种侧生分生组织。

木栓质　一种存在于木栓细胞壁中的植物脂肪性物质。

木质部　植物中运输水分的组织。

木质素　沉积在细胞壁（尤其是木材）中的一种坚韧耐用的植物物质。

N

耐荫　在低光照强度下生存的能力。

内皮层　根部皮层和维管组织之间的一层细胞。

嫩枝　生叶的茎。

年轮　在一个生长季节中次生木质部在木材内形成的圆柱体。

黏土　颗粒直径小于 0.002 毫米的无机土壤成分。

P

pH 值　衡量相对酸碱度的指标。

胚　种子中未完全发育的植株。

胚根　胚中的根。

胚乳　种子中贮藏营养物质的组织。

胚珠　子房内含有卵细胞的结构。

配子　一种生殖细胞，即精子或卵子。

配子体　在世代交替中产生配子的单倍体植物。

膨压　细胞内充满水分时产生的压力。

皮层　根和茎中紧贴表皮内侧的区域。

皮刺　一些物种茎和叶表皮上长出的尖而硬的突起物。

皮孔　木质茎木栓上的气体交换小孔。

胼胝质　一种植物物质，在韧皮部筛板的孔隙中产生并沉积在其上，在植物受伤时，会大量产生该物质。

品种　通过园艺技术培育的栽培变种。

平行脉序　平行排列的叶脉形态。

破皮　划破或腐蚀厚种皮，以提高种子吸水率。

匍匐茎　见"纤匍枝"。

Q

气孔　叶和草质茎表皮上的孔隙。

气生根　由植物茎上长出的、生长在地面以上的根。

器官　植物的一部分，由不同的组织组成，是一个功能单位。

乔木　有明显主干的大型多年生木本植物。

球茎　一种膨大的地下短茎，可贮藏营养物质。

R

染色体　细胞核中携带基因的线状结构，每条染色体可发生纵裂，形成两条染色单体。

壤土　砂土、粉土和黏土的混合物。

韧皮部　植物中运输营养物质的组织。

日中性植物　花的形成不受光周期控制的植物。

溶胀的　因内部水压而膨胀坚硬。

鞣质　一种存在于某些物种树皮或树叶中的物质，具有抵御天敌的功能。

乳胶　许多植物物种分泌的一种白色黏稠液体。

乳汁器　产生乳胶的细胞。

S

伞形花序　花柄从茎顶端的一点长出的花序。

砂土　一种无机土壤成分，颗粒直径在 0.02 毫米至 2 毫米之间。

筛板　筛管分子的多孔端壁。

筛管　运输营养物质的细胞。

渗透　水分通过可渗透的细胞膜扩散，这些膜选择性地允许或阻止特定物质通过。

生长素　一种主要控制细胞伸长的植物激素。

生长延缓剂　一种减缓或抑制植物生长的化学物质。

生物碱　一种含氮化合物，植物通常将其用于化学防御。

生物体　有生命的植物或动物。

失绿症　因叶绿素含量降低而导致叶片异常变黄的现象。

石细胞　坚硬、厚壁的植物细胞。

食虫植物　捕获和消化昆虫作为氮源的植物。

食肉植物　见"食虫植物"。

食物　一种提供能量和生长发育所需养分的有机物质，尤其是碳水化合物、脂肪和蛋白质。

世代交替　在生活周期中，单倍体配子体和二倍体孢子体交替出现的现象。

螫毛　含有刺激性液体的多细胞腺毛。

收缩根　一种变粗的根，可将球茎、鳞茎或根茎拉入土壤深处。

授粉　花粉从花药转移到柱头，或在裸子植物中，从雄球花转移到雌球花的过程。

疏蕾剂　一种可使未完全发育的花蕾脱落的合成化学物质。

属　包含近缘种的分类类别。

树胶　一种黏稠的水溶性植物分泌液，暴露在空气中会变硬。

树皮　木质茎或根的维管形成层外所有组织的总称。

树脂　许多针叶树的黏稠保护性分泌液，不溶于水，与空气接触后变硬。

树脂道　含树脂的管状结构。

衰老　老化过程，细胞结构分解导致死亡的过程。

双子叶植物　被子植物的一个亚纲，特征是种子中有两片子叶。

髓　茎中心的薄壁细胞区域。

穗状花序　一种花序，花朵着生在主茎上，没有花柄。

T

胎萌　种子在播散前萌发。

藤本植物　一种具长茎的木质攀缘植物，可从地面生长至树冠。

田间持水量　见"持水能力"。

同源染色体　两两配对的染色体对。

头状花序　由心花和许多紧密排列的小边花组成的花序。

突变　基因结构中可遗传的诱导性变化。

吐水　由于根压的作用，植物内部的水分从下往上移动，引起水滴渗出的现象，水滴通常从叶片边缘渗出。

托叶　叶柄基部长出的部分，有时起保护作用。

脱落　叶、花和果实有控制地从植物上掉落。

脱落酸　一种抑制生长的激素。

W

完全花　具有萼片、花瓣、雄蕊、雌蕊四部分的花。

网状脉序　一些叶片上像网一样的脉序类型。

微量营养素　动植物所需的量相对较少的矿物质。

微量元素　见"微量营养素"。

微纤丝　细胞壁中纤维素的细丝。

维管射线　茎或根的次生维管组织中径向分布的狭长细胞层。

维管束　包含木质部和韧皮部的束状输导组织。

维管形成层　产生次生木质部和次生韧皮部的狭长柱状细胞，一种侧生分生组织。

维管植物　含有水分和营养物质运输组织的植物。

维管组织　运输营养物质和水分的细胞群。

纹孔　细胞壁上的小开口。

无柄叶　叶片直接着生在茎上的叶。

无融合生殖　不经过配子融合而发育成能发芽的种子。

无限生长　没有特定大小的生长模式。

物种　具有许多共同特征并可自由交配的一群个体。

X

吸器　一种由寄生生物产生的器官，可侵入寄主的组织，并从中吸收水分和营养
　　物质。

吸胀作用　干燥物质或结构吸收水分膨胀的过程。

细胞　构成动植物的最小独立存活单位。

细胞壁　植物细胞的外层结构。

细胞分裂素　一种植物激素，主要刺激细胞分裂。

细胞核　细胞内控制遗传等细胞活动的结构。

细胞呼吸　将有机物氧化分解并释放能量的化学过程。

细胞器　具有特定功能的细胞结构。

细胞质　细胞内除细胞核外的活性原生质。

细胞质膜　包裹细胞质的膜。

下胚轴　幼苗根部和子叶附着点之间的部分。

夏材　在夏末由维管形成层产生的木质部。

纤匐枝　一种生长在地面上的平卧茎，可在末端或节上形成根系。

纤维　成熟时死亡的狭长厚壁细胞。

纤维素　一种植物物质，构成细胞壁结构的一部分。

显性性状　一种基因掩盖了另一种同类隐性基因的表达，由前者决定的性状。

线粒体　进行呼吸作用的细胞器。

向触性　对触碰作出的生长反应。

向地性　植物器官对重力作出的生长反应。

向光性　植物器官向光弯曲生长的反应。

向性运动　植物的某个部位在某些外部刺激（如光照或重力）的作用下出现的生长弯曲。

向重力性　见"向地性"。

小孢子　发育成雄配子体的孢子。

小叶　复叶叶片的一部分。

斜向趋性　分枝以一定的角度生长。

心材　树干次生木质部中央的深色部分。

心花　一种生于头状花序中心的筒状小花。

新陈代谢　生物体生化过程的总称。

形成层　见"维管形成层"和"木栓形成层"。

雄蕊　花的雄性器官，由花药和花丝组成。

休眠的，休眠　细胞活动减少的状态。

须根系　高度分枝的根系。

Y

压条　一种植物繁殖方法，在完整的植株上培育出不定根，随后移除生根部分另行移栽。

芽鳞　保护芽的变态叶。

芽鳞痕　见"顶芽鳞痕"。

叶　茎的侧面生长物，光合作用的主要器官。

叶柄　叶的柄。

叶附生生物　生长在叶片表面的生物，如真菌或苔藓。

叶痕　叶落后在茎上留下的痕迹。

叶黄素　黄色或几乎无色的光合色素。

叶卷须　用作缠绕器官的变态叶或叶的一部分。

叶莲座丛　从短茎上辐射出的叶片群。

叶绿素　位于叶绿体中的一种植物绿色色素。

叶绿体　进行光合作用的细胞体。

叶脉　叶片中由木质部和韧皮部组成的束状组织。

叶片　叶的扁平部分。

叶肉　叶的薄壁组织，位于上表皮和下表皮之间，包括栅栏组织细胞和海绵组织细胞。

叶原基　位于茎尖的未完全发育叶片。

叶状枝　具有叶片功能的扁平茎，如仙人掌的茎。

液泡　细胞内充满液体的囊泡。

腋　叶的上表面与所附茎之间的夹角。

腋芽　着生在叶腋内的芽。

腋芽原基　未完全发育的腋芽。

一年生植物　在一个生长季节内完成生活周期的植物。

乙烯　成熟果实和受损组织大量产生的气态植物激素。

异花授粉　花粉从一植株转移到另一种植株的花上。

异养营养　生物体依赖有机物质作为食物来源的一种营养方式，如人类的食物来源。

异源多倍体　由两个不同物种的染色体组合而成的杂种。

隐性性状　一种基因性状，其表达被相对应的显性基因所掩盖。

硬化细胞　见"石细胞"。

优势种　植物群落中数量最多、受环境影响最大的物种。

有柄叶　通过叶柄与茎相连的叶。

有机物　含碳和氢的化合物。

有丝分裂　染色体复制的细胞分裂过程。

有限生长　生长到基因决定的预期大小。

幼苗　种子萌发后长出的幼株。

羽状复叶　小叶排列在同一叶轴两侧的叶类型。

羽状脉序　粗脉在中脉两侧成行排列的脉序类型。

愈伤组织　木质物种形成的覆盖在伤口上的木栓组织。

原生质　细胞的活性物质，包括细胞质和细胞核。

圆锥花序　高度分枝的花序。

Z

杂合的　同源染色体上同时具有特定性状的显性和隐性基因。

杂色，杂色的　叶片或花瓣上遗传的、不规则的颜色图案。

杂种　同种或近缘种的两株植物杂交后产生的后代，在一个或多个基因上不同。

杂种优势　杂种的活力、大小和繁殖能力优于亲本双方。

栅栏组织细胞　紧靠上表皮下方的光合作用细胞。

掌状复叶　小叶从一点辐射开的叶。

掌状脉序　主脉从一点辐射开的叶脉形态。

针晶体　某些物种细胞中的草酸钙针状晶体，可威慑食草动物。

蒸腾拉力　叶片蒸腾作用所产生的力，将植物体内的水分向上牵引。

蒸腾作用　植物水蒸气的散失过程，主要发生在叶片的气孔处。

支撑根　见"支柱根"。

支柱根　从地上茎长出的支持性根。

直根　一种主要的根，分枝较少，有时膨胀以贮藏营养物质。

植保素　由植物产生的抑制病原体生长的化学物质。

植物毒素　对食草动物和其他侵入性生物具有毒性的植物产物。

植物生长调节剂　见"激素"。

质壁分离　细胞质因失水过多而收缩，从而与细胞壁分离的现象。

中柱鞘　一种产生侧根的根部组织。

种加词　在分类学上的一种分类，双名法中物种学名的第二部分。

种皮　种子的外层保护层。

种子　胚珠成熟后形成的繁殖结构，含有胚和贮藏的营养物质。

种子萌发　见"萌发"。

种子叶　见"子叶"。

柱头　雌蕊中接受花粉的部分。

子房　雌蕊的基部，发育成果实。

子球　一种腋生小球茎。

子叶　种子叶，种子中贮藏营养物质的结构。

子叶出土萌发　子叶露出地面的种子萌发方式。

子叶留土萌发　子叶留在土壤中的种子萌发方式。

自花授粉　花粉从花药转移到同一朵花的柱头上。

自然选择　环境对生物的作用，使那些更能在环境压力下生存的个体更有可能繁殖并延续物种。

自养营养　通过光合作用将二氧化碳、水和矿物质合成复杂营养物质分子的营养方式。

总状花序　花朵着生于细长茎短柄上的花序。

组织　具有相同功能的同种细胞群。

延伸阅读推荐书目

Bell, Adrian D. 2008. *Plant Form* [an advanced book on plant morphology] Portland, Ore.: Timber Press.

Carroll, Steven B., and Steven D. Salt. 2004. *Ecology for Gardeners.* Portland, Ore.: Timber Press.

Dawson, John, and Rob Lucas. 2005. *The Nature of Plants: Habitats, Challenges, and Adaptations.* Portland, Ore.: Timber Press.

Heywood, V. H., R. K. Brummitt, A. Culham, and O. Seberg. 2007. *Flowering Plant Families of the World.* Richmond Hill, Ontario: Firefly Books.

Hickey, Michael, and Clive King. 2000. *The Cambridge Illustrated Glossary of Botanical Terms.* Cambridge: Cambridge University Press.

King, John. 1997. *Reaching for the Sun: How Plants Work.* Cambridge: Cambridge University Press.

Lee, David. 2007. *Nature's Palette: The Science of Plant Color.* Chicago: University of Chicago Press.

Loewer, Peter. 1995. *Seeds: The Definitive Guide to Growing, History, and Lore.* New York: Macmillan.

Lowenfels, Jeff. 2013. *Teaming With Nutrients.* Portland, Ore.: Timber Press.

Lowenfels, Jeff, and Wayne Lewis. 2010. *Teaming With Microbes: The Organic Gardener's Guide to the Soil Food Web.* Portland, Ore.: Timber Press.

Mauseth, James D. 2009. *Botany: An Introduction to Plant Biology,* [a college level text]

Sudbury, Mass.: Jones and Bartlett.

Stearn, William T. 2004. *Botanical Latin: History, Grammar, Syntax, Terminology, and Vocabulary,* 4th ed. Portland, Ore.: Timber Press.

Vaughan, John, and Catherine Geissler. 2009. *The New Oxford Book of Food Plants*, 2nd ed. Oxford: Oxford University Press.

Wells, Diana. 1997. *100 Flowers and How They Got Their Names*. Chapel Hill, N.C.: Algonquin Books.

Wells, Diana. 2010. *Lives of Trees*. Chapel Hill, N.C.; Algonquin Books.

Zomlefer, Wendy B. 1994. *Guide to Flowering Plant Families*. Chapel Hill: University of North Carolina Press.

图片作者

科学来源：

托尼·卡马乔（Tony Camacho），第 105 页（左图）

《科学之眼》（*Eye of Science*），第 163 页（右下图）

弗莱彻（Fletcher）、贝利斯（Baylis），第 113 页

戴维·R. 弗雷泽（David R. Frazier），第 88 页（左图）

亚当·琼斯（Adam Jones），第 40 页（左上图）

西永进（Susumu Nishinaga），第 163 页（左下图）

格雷戈里·K. 斯科特（Gregory K. Scott），第 40 页（右上图）

马丁·希尔兹（Martin Shields），第 126 页

丹·苏济欧（Dan Suzio），第 105 页（右图）

其他所有照片均由作者提供

索引

闭花受精　175

蓖麻　91

蓖麻毒蛋白　91

边材　51，52，90

边花　169

边缘刺　84

蝙蝠传粉　173

扁柏属　5

表皮　13，43-45，47，48，57-64，
　　66，82-85，87，137，138，140，
　　141，142，183

表皮毛　43，60，82，83，85，103，142

表型　194，198

病害　29，110

菠菜　75，135，150

菠萝，菠萝树　74，75，131，178，181

博伊森莓　81

薄壁细胞　10，54，55，65，67，74

捕虫堇　117

捕蝇草　116，117，119，128

不定根　98-100，107-109，130，131

不完美　196

不完全花　165

不育　94，197-199

C

菜豆　74，75，115，201

菜豆属　202

草本植物　17，31，46，96，113

草莓　98，135，179，180，181，198

草酸　91

草质茎　43，44，45，46，48，57，

58，70，85，87，98，140

侧根　25，26，58，59，125

侧枝　46，130

侧生分生组织　13，14，46

层积处理　22

茶　74，75，90

查尔斯·达尔文　70，71，202

查帕拉尔群落　23

长日植物　134-136

常春藤　33，92，99，100，203

常见豆类　201

成花素　136

橙，橙子　61，74，75，178，181

持水能力　149

赤霉菌　123

赤霉素　123，128，131，132，134，
　　136，176

虫瘿　11，13

抽薹　133，134

臭尸百合　113

初生壁　9，10

初生木质部　43，45，57-59

初生韧皮部　43，45，57-59

初生生长　13，14，18，26，27，33，
　　43，45，96

初生组织　45，57，59

除草剂　22，131

储存种子　17

储水，贮藏水分　64，96，103-105

触碰　126，127，169

传粉，授粉　79，162，165-169，
　　173-176，178，192，194

铜 94，147，148

头状花序 169，172

"透明化叶片" 36，40

突变 72

土壤的 pH 值 150

土壤微生物 6，107

土壤养分 119，182

吐水 140，141

菟丝子 112，113

脱落酸 128，131

W

豌豆 20，74，76，93，98，99，
114，115，121，166，179，185，
195

完全花 161

晚疫菌 110

王桉 54

网状的 36

微量营养素 144，146-148

微量元素 146

微生物 6，74，78，87，88，90，
94，107，110，137，147，151，
200

微纤丝 9-11

维管射线 48，49，52

维管束 33，35，44-46，54，55，
57，58，67

维管形成层 44-54，57-59，79，87

维管植物 69

维管组织 44，50，52，57，58，65，
69，85，112，187，189

伪装 13，85，86，159，190

乌羽玉 91

无柄叶 36，37

无花果 75，100

无融合生殖 179，192

无限生长 6，123

无氧呼吸 158

无籽果实 178

五叶地锦 93，99，100

物种迁移 71

物种形成 71，98

X

西班牙苔藓 103

吸器 110-112

吸水，水分的吸收 10，20，23，25，
26，59，60，63，64，100，102，
103，138，140

吸胀作用 20

喜林草 205

喜阳物种，喜阳植物 22，23，95，
96，121

细胞壁 8-10，20，42，54，64-67，
74，87，90，94，95，123，128，
129，138-140，144，146，147，
151，156，157

细胞分化 42，65，87

细胞分裂 10，13，14，27，41，46，
52，87，128，136，161，177，
178，186，196

细胞分裂素 128，136

细胞核 7-9，12，65，66，71，146，

　　布赖恩·卡彭（Brian Capon）生于英格兰柴郡，芝加哥大学植物学博士，加州州立大学洛杉矶分校教授，任教长达 30 年。